U0263565

“十四五”国家重点出版物出版规划项目·重大出版工程
— 中国学科及前沿领域2035发展战略丛书

学术引领系列

国家科学思想库

中国化学
2035发展战略

“中国学科及前沿领域发展战略研究（2021—2035）”项目组

科学出版社
北京

内 容 简 介

作为一门中心的基础学科和非常实用的学科，化学在认识自然、保障人类的生存和不断提高人类生活质量、推动现代文明方面发挥着其他学科不可替代的作用。进入 21 世纪以来，全球形势发生巨变，可持续发展已经成为人类共同面临的严峻挑战之一。《中国化学 2035 发展战略》面向未来梳理了可持续发展中的重要科学问题与面临的挑战，指出了当前化学研究呈现的值得关注的新动态和未来发展的新趋势，针对我国推动经济社会发展绿色转型、建设人与自然和谐的现代化建设目标，结合我国实际情况，讨论可持续发展化学在资源转化与高效利用、能源化学与材料、化学材料与器件、生命与健康、绿色合成化学与技术和化学研究新范式等方面应关注的优先发展领域和政策建议。

本书是相关领域战略与管理专家、科技工作者和高校师生的指南性读本，也是各级政府部门决策、社会公众了解化学在可持续发展中的地位和作用的参考读本。

图书在版编目（CIP）数据

中国化学 2035 发展战略 / “中国学科及前沿领域发展战略研究（2021—2035）”项目组编. -- 北京：科学出版社，2024. 9.

（中国学科及前沿领域2035发展战略丛书）. -- ISBN 978-7-03-079079-8

I. O6-12

中国国家版本馆CIP数据核字第20246TC545号

丛书策划：侯俊琳　朱萍萍

责任编辑：朱萍萍　姚培培 / 责任校对：韩　杨

责任印制：师艳茹 / 封面设计：有道文化

科学出版社出版

北京东黄城根北街 16 号

邮政编码：100717

http://www.sciencep.com

北京中科印刷有限公司印刷

科学出版社发行　各地新华书店经销

*

2024年9月第　一　版　开本：720×1000　1/16

2024年9月第一次印刷　印张：11 1/2

字数：134 000

定价：88.00元

（如有印装质量问题，我社负责调换）

“中国学科及前沿领域发展战略研究（2021—2035）”

联合领导小组

组　长　常　进　窦贤康

副组长　包信和　高瑞平

成　员　高鸿钧　张　涛　裴　钢　朱日祥　郭　雷
杨　卫　王笃金　周德进　王　岩　姚玉鹏
董国轩　杨俊林　谷瑞升　张朝林　王岐东
刘　克　刘作仪　孙瑞娟　陈拥军

联合工作组

组　长　周德进　姚玉鹏

成　员　范英杰　孙　粒　郝静雅　王佳佳　马　强
王　勇　缪　航　彭晴晴　龚剑明

《中国化学 2035 发展战略》

编　委　会

总　序

党的二十大胜利召开，吹响了以中国式现代化全面推进中华民族伟大复兴的前进号角。习近平总书记强调“教育、科技、人才是全面建设社会主义现代化国家的基础性、战略性支撑”①，明确要求到 2035 年要建成教育强国、科技强国、人才强国。新时代新征程对科技界提出了更高的要求。当前，世界科学技术发展日新月异，不断开辟新的认知疆域，并成为带动经济社会发展的核心变量，新一轮科技革命和产业变革正处于蓄势跃迁、快速迭代的关键阶段。开展面向 2035 年的中国学科及前沿领域发展战略研究，紧扣国家战略需求，研判科技发展大势，擘画战略、锚定方向，找准学科发展路径与方向，找准科技创新的主攻方向和突破口，对于实现全面建成社会主义现代化“两步走”战略目标具有重要意义。

当前，应对全球性重大挑战和转变科学研究范式是当代科学的时代特征之一。为此，各国政府不断调整和完善科技创新战略与政策，强化战略科技力量部署，支持科技前沿态势研判，加强重点领域研发投入，并积极培育战略新兴产业，从而保证国际竞争实力。

擘画战略、锚定方向是抢抓科技革命先机的必然之策。当前，新一轮科技革命蓬勃兴起，科学发展呈现相互渗透和重新会聚的趋

① 习近平. 高举中国特色社会主义伟大旗帜 为全面建设社会主义现代化国家而团结奋斗——在中国共产党第二十次全国代表大会上的报告. 北京：人民出版社，2022：33.

势，在科学逐渐分化与系统持续整合的反复过程中，新的学科增长点不断产生，并且衍生出一系列新兴交叉学科和前沿领域。随着知识生产的不断积累和新兴交叉学科的相继涌现，学科体系和布局也在动态调整，构建符合知识体系逻辑结构并促进知识与应用融通的协调可持续发展的学科体系尤为重要。

擘画战略、锚定方向是我国科技事业不断取得历史性成就的成功经验。科技创新一直是党和国家治国理政的核心内容。特别是党的十八大以来，以习近平同志为核心的党中央明确了我国建成世界科技强国的“三步走”路线图，实施了《国家创新驱动发展战略纲要》，持续加强原始创新，并将着力点放在解决关键核心技术背后的科学问题上。习近平总书记深刻指出：“基础研究是整个科学体系的源头。要瞄准世界科技前沿，抓住大趋势，下好‘先手棋’，打好基础、储备长远，甘于坐冷板凳，勇于做栽树人、挖井人，实现前瞻性基础研究、引领性原创成果重大突破，夯实世界科技强国建设的根基。”①

作为国家在科学技术方面最高咨询机构的中国科学院和国家支持基础研究主渠道的国家自然科学基金委员会（简称自然科学基金委），在夯实学科基础、加强学科建设、引领科学研究发展方面担负着重要的责任。早在新中国成立初期，中国科学院学部即组织全国有关专家研究编制了《1956—1967年科学技术发展远景规划》。该规划的实施，实现了“两弹一星”研制等一系列重大突破，为新中国逐步形成科学技术研究体系奠定了基础。自然科学基金委自成立以来，通过学科发展战略研究，服务于科学基金的资助与管理，不断夯实国家知识基础，增进基础研究面向国家需求的能力。2009年，自然科学基金委和中国科学院联合启动了“2011—2020年中国学科发展战略研究”。

① 习近平. 努力成为世界主要科学中心和创新高地 [EB/OL]. (2021-03-15). http://www.qstheory.cn/dukan/qs/2021-03/15/c_1127209130.htm[2022-03-22].

2012 年，双方形成联合开展学科发展战略研究的常态化机制，持续研判科技发展态势，为我国科技创新领域的方向选择提供科学思想、路径选择和跨越的蓝图。

联合开展“中国学科及前沿领域发展战略研究（2021—2035）”，是中国科学院和自然科学基金委落实新时代“两步走”战略的具体实践。我们面向 2035 年国家发展目标，结合科技发展新特征，进行了系统设计，从三个方面组织研究工作：一是总论研究，对面向 2035 年的中国学科及前沿领域发展进行了概括和论述，内容包括学科的历史演进及其发展的驱动力、前沿领域的发展特征及其与社会的关联、学科与前沿领域的区别和联系、世界科学发展的整体态势，并汇总了各个学科及前沿领域的发展趋势、关键科学问题和重点方向；二是自然科学基础学科研究，主要针对科学基金资助体系中的重点学科开展战略研究，内容包括学科的科学意义与战略价值、发展规律与研究特点、发展现状与发展态势、发展思路与发展方向、资助机制与政策建议等；三是前沿领域研究，针对尚未形成学科规模、不具备明确学科属性的前沿交叉、新兴和关键核心技术领域开展战略研究，内容包括相关领域的战略价值、关键科学问题与核心技术问题、我国在相关领域的研究基础与条件、我国在相关领域的发展思路与政策建议等。

三年多来，400 多位院士、3000 多位专家，围绕总论、数学等 18 个学科和量子物质与应用等 19 个前沿领域问题，坚持突出前瞻布局、补齐发展短板、坚定创新自信、统筹分工协作的原则，开展了深入全面的战略研究工作，取得了一批重要成果，也形成了共识性结论。一是国家战略需求和技术要素成为当前学科及前沿领域发展的主要驱动力之一。有组织的科学研究及源于技术的广泛带动效应，实质化地推动了学科前沿的演进，夯实了科技发展的基础，促进了人才的培养，并衍生出更多新的学科生长点。二是学科及前沿领域的发展促进深层次交叉融通。学科及前沿领域的发展越来越呈现出多学科相互渗透的发展态势。某一类学科领域采用的研究策略和技术体系所产生的基础理论与方法论成果，可以作为共同的知识基础适用于不同学科领域的多个研究方向。三是科研范式正在经历深刻变革。解决系统性复杂问题成为当前科学发展的主要目标，导致相应的研究内容、方法和范畴等的改变，形成科学研究的多层次、多尺度、动态化的基本特征。数据驱动的科研模式有力地推动了新时代科研范式的变革。四是科学与社会的互动更加密切。发展学科及前沿领域愈加重要，与此同时，"互联网+"正在改变科学交流生态，并且重塑了科学的边界，开放获取、开放科学、公众科学等都使得越来越多的非专业人士有机会参与到科学活动中来。

"中国学科及前沿领域发展战略研究（2021—2035）"系列成果以"中国学科及前沿领域2035发展战略丛书"的形式出版，纳入"国家科学思想库-学术引领系列"陆续出版。希望本丛书的出版，能够为科技界、产业界的专家学者和技术人员提供研究指引，为科研管理部门提供决策参考，为科学基金深化改革、"十四五"发展规划实施、国家科学政策制定提供有力支撑。

在本丛书即将付梓之际，我们衷心感谢为学科及前沿领域发展战略研究付出心血的院士专家，感谢在咨询、审读和管理支撑服务方面付出辛劳的同志，感谢参与项目组织和管理工作的中国科学院学部的丁仲礼、秦大河、王恩哥、朱道本、陈宜瑜、傅伯杰、李树深、李婷、苏荣辉、石兵、李鹏飞、钱莹洁、薛淮、冯霞，自然科学基金委的王长锐、韩智勇、邹立尧、冯雪莲、黎明、张兆田、杨列勋、高阵雨。学科及前沿领域发展战略研究是一项长期、系统的工作，对学科及前沿领域发展趋势的研判，对关键科学问题的凝练，对发展思路及方向的把握，对战略布局的谋划等，都需要一个不断深化、积累、完善的过程。我们由衷地希望更多院士专家参与到未来的学科及前沿领域发展战略研究中来，汇聚专家智慧，不断提升凝练科学问题的能力，为推动科研范式变革，促进基础研究高质量发展，把科技的命脉牢牢掌握在自己手中，服务支撑我国高水平科技自立自强和建设世界科技强国夯实根基做出更大贡献。

“中国学科及前沿领域发展战略研究（2021—2035）”
联合领导小组
2023年3月

前　言

化学是研究物质的组成、结构、性质和转化的科学。作为一门基础的和中心的物质科学学科，化学具有深刻阐明物质奇妙变化规律和创造新物质的鲜明学科特点。并且，化学还是一门非常实用的学科，它与人类生活的方方面面紧密相连，是国民经济的重要组成部分，在保障人类生存、不断提高人类生活质量和推动现代文明发展方面发挥着根本性作用。进入21世纪以来，全球形势发生巨变，可持续发展已成为我们面临的严峻挑战之一。联合国报告指出，人类经济社会正面临着全球人口增长、资源过度消费、粮食安全、水资源危机、材料问题、环境污染、气候变化、卫生与人类健康、缺少可持续发展所必需的技术等诸多挑战。为应对挑战，我国提出了推动经济社会发展绿色转型、建设人与自然和谐相处的现代化建设目标。解决可持续发展的问题，必须依靠科技进步，依靠科技创新。化学的学科特点决定了化学家在应对人类经济社会发展的挑战中能够发挥重要作用。

针对可持续发展社会面临的问题，结合我国经济社会发展转型的实际要求，我们把化学学科发展规划的调研聚焦在“化学与可持续发展的社会——挑战与机遇”方面，邀请了国内十几个科研机构的50余名专家学者参与了课题的战略性研讨，内容涉及资源、能源、环境、材料、生命与健康、绿色合成和新的化学研究范式等。在撰写本书时，我们简述了研究领域的背景、发展简史和重要突破，中国学者的独到贡献，未来拟解决的主要和关键科学问题，以及我国应重点关注和资助支持的研究方面建议等内容。为增加本书的可读性，我们要求撰稿人控制文章篇幅，力求文字精练简洁、图文并茂。

参加本书撰稿和编写的人员分工如下：第一章总论由张希、王梅祥负责；第二章资源转化与高效利用，第一节温室气体吸附与转化由闫文付、白若冰、于吉红负责，第二节氮气的固定和转化由施章杰、翟丹丹、席振峰负责，第三节生物质高效转化由王野、王帅、邓卫平、谢顺吉负责，第四节烷烃高附加值转化反应由叶萌春、何刚、陈弓负责；第三章能源化学与材料，第一节高效催化产氢由吴骊珠负责,第二节迈向技术产业化的聚合物/有机光伏电池由张少青、侯剑辉负责，第三节非锂电池由李玛琳、王晓雪、徐吉静负责，第四节有机热电材料与器件由狄重安、朱道本负责；第四章化学材料与器件，第一节可循环高分子合成由李志波、洪缪、沈勇负责，第二节聚合物半导体材料的研究现状与未来挑战由冉洋、刘彦伟、刘云圻负责，第三节柔性可穿戴功能材料与器件由张莹莹、李硕、王灏珉负责；第五章生命与健康，第一节快速、灵敏与精准的病毒诊断由陈春英、崔宗强、门冬负责，第二节超分子化疗由王华、徐江飞、张希负责，第三节新型生物正交反应由曹宇辉、樊新元、陈鹏负责；第六章绿色合成化学与技术，第一节酶促碳—碳、碳—氧、碳—氮成键反应由许建和、郁惠蕾、郑高伟负责，第二节设计人工光合细胞，实现高效光驱动二氧化碳还原由刘晓红、王江云负责，第三节流动（流式）化学——连续流动合成与微化工技术由骆广生、邓建、王凯负责；第七章 AI[①] 驱动的化学发现由江俊、施睿、吕中元负责；第八章关于发展战略和政策措施的建议由王梅祥、张希

① 人工智能（artificial intelligence，AI）。

负责。谨对这些学者在本书撰写过程中的艰辛付出和卓越贡献表示由衷的感谢。

本书在编写与出版过程中得到中国科学院学部工作局、国家自然科学基金委员会及化学学部专家咨询委员会的指导、帮助和支持，在此一并致以衷心感谢。感谢科学出版社朱萍萍编辑，她积极主动地关心和参与本书的出版工作，并在统稿和编审过程中付出了巨大的努力和艰辛的劳动。

由于编者的水平和时间有限，书中不妥之处敬请广大读者批评指正。

张　希　王梅祥

《中国化学 2035 发展战略》编委会主任

摘　要

化学是研究物质的组成、结构、性质、反应和转化规律的科学。它源自人类生活和生产实践，是我们认识和改造物质世界的主要方法和手段之一。化学是一门创造性的科学，它的核心在于创制：创制新结构，创制新分子，创制新物质。它的魅力在于变化：出神入化，永无止境。作为基础和独立的自然科学，化学充满活力和持续发展，并承上启下，连接物质科学和其他门类科学，是一门“中心科学”。并且，化学还是一门具有很强应用性的学科，它与人类的生活息息相关，为我们创造了五彩缤纷的物质世界和不计其数的物质财富，在推动经济社会可持续发展和人类文明进步等方面发挥着不可替代的重要作用。

进入21世纪，可持续发展成为全世界讨论的共同议题之一，历年的联合国报告中也指出了人类可持续发展面临的严峻挑战包括：人口的增长、资源过度消费、粮食安全、水资源危机、能源短缺、材料问题、污染问题、气候变化、卫生与健康，缺少可持续发展所必需的技术等。为了解决这些问题，国家积极推动经济社会发展绿色全面转型、建设人与自然和谐的现代化，这是总结国内外发展经验的一个必然选择。

作为物质科学中一门充满活力和具有解决实际问题能力的核心

学科，化学化工在解决可持续发展社会所面临的问题与挑战时责无旁贷。同时，建立和发展符合可持续发展要求的下一代新兴化学制造业和新质生产力也给化学基础研究带来了难得的机遇。针对我国可持续发展社会面临的长远与紧迫问题，我们把本次化学学科的前沿领域发展战略研究聚焦在“化学与可持续发展的社会——挑战与机遇”方面，内容涉及资源、能源、环境、材料、生命与健康、绿色合成和新的化学研究范式等，通过调研各个研究领域的背景、发展简史和重要突破及中国学者的独到贡献，梳理未来拟解决的主要或关键科学问题，提出我国应重点关注和资助支持的研究方面的建议。

（一）资源转化与高效利用

应关注温室气体高效与高选择性吸附与化学转化研究；探究如何以氮气为氮资源，通过催化实现从氮气到有机含氮化合物的直接转化；开发包括木质纤维素基在内的生物质的高效转化新途径；发展烷烃上惰性化学键的精准活化，实现烷烃高附加值催化转化等。

（二）能源化学与材料

应重视模拟自然界光合作用，构建高效催化制氢体系研究；发展钠离子电池、钾离子电池、多价态金属离子电池等无锂二次电池；设计和创制面向热能高效应用和高效电致制冷的有机热电材料；加快聚合物/有机光伏电池迈向技术产业化的进程研究等。

（三）化学材料与功能器件

大力支持可循环高分子材料的合成制备方法研究，发展全生命周期的环境友好聚合物材料；继续关注具有应用前景的聚合物半导体材料的基本科学问题研究；重视柔性电子材料、柔性功能器件及系统集成研究，发展柔性可穿戴技术等。

（四）生命与健康

致力于发展快速、灵敏与精准的病毒诊断方法和疾病诊断技术；支持超分子化疗在减毒增效、药物联用、精准递送、可控释放等方面的基础研究和临床应用研究；不断开发新型生物正交反应的类型，拓展其在生命科学和医学前沿研究中的应用，发展化学与生物医学交叉的新方向等。

（五）绿色合成化学与技术

应持续支持高效、精准的原子经济性反应；环境友好的物质转化新方法，包括新型酶促合成、化学合成与生物合成融合、人工光合细胞在内的化学反应体系；重视连续流动合成化学研究新动向，建立和发展微化工技术等。

（六）化学研究新范式

应高度重视信息科学和 AI 技术引发的化学研究新范式，优先布局大数据和 AI 驱动的化学研究，大力重点支持 AI 赋能的合成化学、催化、功能材料、蛋白质化学领域的探索等。

需要强调的是，面对可持续发展的问题与挑战，化学的研究内容和所能发挥的作用远不止以上这些，化学学科的开放性、与其他学科的交叉与融合性决定了化学将会不断吸取发展的新动能，丰富其内涵，拓展其边界，并利用化学的原理和方法解决其他学科难以解决的问题，推动化学和其他学科的新发展。化学工作者也将在创新创造的同时，主动承担建设人与自然和谐共生美丽中国的责任和义务，对解决生态、环境、气候、能源、安全等人类可持续发展遇到的重大问题发挥更大的作用。

Abstract

Chemistry is the science that studies the composition, structure, property, reaction and transformation of substances. Chemistry is a creative science, centered on the invention of unprecedented structures, the construction of novel molecules, and the synthesis of new substances. Studying nearly boundless and intriguing chemical reactions of matter makes chemistry a unique and fascinating science. As a fundamental and independent natural science, chemistry is dynamic and continually evolving; it acts as a central science connecting physical science with other scientific disciplines. Being a practically useful science, chemistry is closely tied to almost every corner of human society, playing an indispensable role in promoting economic and social development and human civilization and progress.

Since the turn of the millennium, sustainable development has become one of the focuses of global common issues. Global sustainable development reports of the United Nations over the years have pointed out great challenges facing human sustainable development, including population growth, overconsumption of resources, food security, water crisis, energy shortage, material issues, pollution, climate change, sanitation and health, and the lack of essential sustainable technologies, and so forth. In order to address these issues, it is necessary and important for the whole society to adhere to the strategy of green and sustainable development, constructing a modernized society in harmony with nature.

As a hardcore and dynamic discipline in physical science with the ability to solve practical problems, chemistry and chemical engineering are undeniably responsible for addressing the challenges faced by our country striving for sustainable development. Moreover, the national needs for emerging chemistry-based manufacturing industries and new-quality productivity conforming to sustainable development bring golden opportunities for the fundamental research of chemistry. Considering the long-term and urgent issues faced by our country in sustainable development, this National Science Foundation of China-Chinese Academy of Sciences (NSFC-CAS) strategic research project on the forefront of the development of chemical science focuses on "chemistry and the sustainable development of society—challenges and opportunities". This report covers thc rcsources, energy, environment, materials, life and health, green synthesis, and new research paradigms in chemistry. By surveying the brief background, significant breakthroughs, and major contributions of Chinese scholars in various fields, key and critical scientific issues having important impacts on sustainability in the future are addressed. Some research directions worth endeavour and support are discussed.

1. Utilization of resources and efficient transformations

Attention should be paid to the efficient and selective adsorption of greenhouse gases and conversion of carbon dioxide into high value-added products; the use of N_2 as a nitrogen resource to achieve its direct transformation into nitrogen-containing compounds under catalysis; transformative technologies for the production of commodity chemicals; efficient and selective conversion of biomass including wood cellulose-based materials; innovative activation of inert chemical bonds of unfunctionalized alkanes with precision to establish high-value added catalytic processes, etc.

2. Energy chemistry and materials

construction of artificial photosynthesis systems enabling efficient and cost-effective production of hydrogen and other chemicals; development of non-lithium secondary batteries such as sodium and potassium-ion batteries, and multivalent metal ion batteries; design and synthesis of organic thermoelectric materials for efficient thermal energy applications and efficient electro-thermoelectric refrigeration; process technology of accelerating industrialization of polymeric and organic photovoltaic cells and so forth.

3. Materials and functional devices

design and synthesis of diverse recyclable polymers; production of environmentally friendly polymeric materials throughout their life cycle; organic and polymeric semiconducting and conducting materials with application prospects; flexible electronic materials and devices, and integrated systems leading to soft wearable technology and so forth.

4. Life science and health

development of affordable and rapid precision diagnostic methods for various viruses and diseases; basic study of supramolecular chemotherapeutics with the aim to achieve precise drug delivery and controlled release, and to enhance the efficacy and reduce the toxiticity; creation of new bioorthogonal reactions and exploiting their applications in life science; promotion of cutting-edge research in interdisciplinary areas between chemistry and biomedicine, etc.

5. Green synthetic chemistry and technology

efficient, precise and atom-economic chemical reactions; environmentally benign transformation methods and chemical processes; integration of enzymatic synthesis, synthetic biology with chemical catalysis; artificial photosynthetic cells or systems; continuous microflow synthesis and microchemical technology, etc.

6. New paradigms in chemical research

interdisciplinary research between chemistry and information science; big data-driven chemistry research; AI chemistry or artificial intelligence-enabled synthesis, catalysis, fuctional materails and biomacromolecules; robotic chemistry laboratory and systems.

It should be emphasized that, in the face of the issues and challenges of sustainable development, the research content and role of chemistry go far beyond the aforementioned directions. Chemistry is a versatile solution provider to many more problems in sustainable development. The openness, inclusiveness and cross-disciplinary nature determine that chemistry will continue to flourish by gaining new momentums and expanding its scientific boundaries.

目　录

第一章

总　　论

化学是研究物质的组成、结构、性质、反应和转化规律的科学，它源自人类生活和生产实践，是我们认识和改造物质世界的主要方法和手段之一。化学是一门创造性的科学，它的核心在于创制：创制新结构、创制新分子、创制新物质。它的魅力在于变化：出神入化、永无止境。按照元素周期表，预计可以合成多达 10^{24} 种化合物，现在完成的尚不足 1%。这些数据并非有坚实的科学依据，但可以肯定的是，化学充满着无限的创造空间。

化学不仅是一门基础和独立的自然科学，更是一门承上启下、连接物质科学和其他门类科学的“中心科学”（图 1-1）。化学和很多学科关系非常密切，随着时代的发展，化学与材料科学、医学、环境科学、生物学、能源科学、物理学、地球科学、空间科学和核科学等密切交叉和相互渗透，不断形成新兴的前沿领域，引领和推动着物质科学的持续发展。

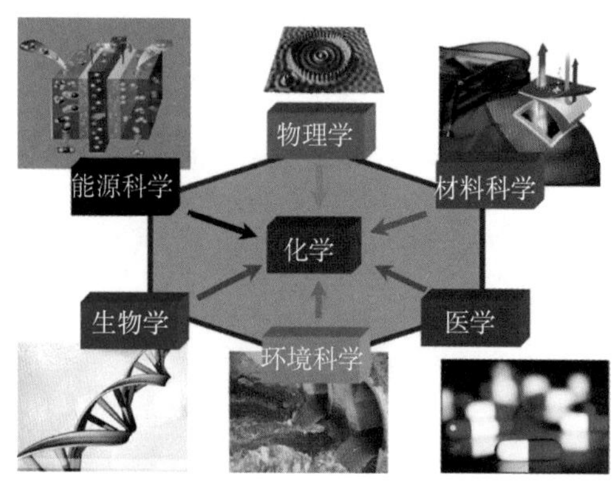

图 1-1　化学是与其他学科密切交叉和相互渗透的中心科学

化学是一门具有很强应用性的学科，它与人类的生活息息相关，为我们创造了五彩缤纷的物质世界和不计其数的物质财富，在推动经济社会可持续发展和人类文明进步等方面发挥着不可替代的重要作用。例如，合成氨工业的发展改变了世界粮食生产的历史。目前，全世界合成氨产量超过亿吨，其中 85% 用于制造化肥。联合国粮食及农业组织统计数据显示，化肥对粮食生产的贡献率占 40%。如果没有催化合成氨技术，地球上可能将有 50% 的人不能生存。20 世纪塑料、橡胶、树脂和纤维等合成高分子材料的出现，为人类的生产生活带来了巨大变革。无论是在人们的日常生活中，还是在国防、航天航空及高科技各个领域，高分子材料都得到了极为广泛的应用，成为现代社会进步不可或缺的基石。同时，化学的发展为人类健康带来了福音。自从 1899 年第一个人工合成的化学药物乙酰水杨酸（阿司匹林）作为解热镇痛药上市，各种激素类、磺胺类、抗生素类及抗癌类等药物逐渐被合成开发，挽救了无数人的生命，在防治各种疾病、维护人类健康中起到了巨大作用。可以说，化学已经渗透到国民经济发展和人类生活的几乎所有方面。作为唯一具有产业特征、能形成产业链的基础学科，化学工业几乎涉及所有生产行业。无论是国民经济发展的各种支柱性和支撑性产业，还是高新尖端技术，或是人们的衣食住行、生活休闲、医疗保健，无不与化学密切相关。

化学工业在我国国民经济中占据举足轻重的地位，是国民经济的基础性和支柱性产业，其影响渗透到国民经济的各个方面。在2010年左右，中国化学工业的销售收入超过美国，中国成为世界上最大的化学品生产国。到2014年，中国化学工业的主营收入已经超过第二位的美国和第三位的日本加起来的总和。就经济体量而言，中国已成为全球最大化工市场和世界化工产业第一大国。2021年，中国化工市场规模达到1.7万亿欧元，占全球的43%。化工投资及研发支出分别为1000亿欧元和150亿欧元，都稳居全球第一。截至2022年底，我国石油和化工行业规模以上企业有28 760家，全年累计实现营业收入16.56万亿元，占全国规模工业营业收入的12%，占全国工业经济总量的比例再次提升，对国民经济的支柱作用更加凸显。

化学是一门充满活力和持续发展的科学。随着新兴科学的出现与技术的进步，化学研究的内涵更加丰富多彩，外延不断扩大和拓展。当前，全世界化学研究呈现出值得关注的新动态和新趋势，主要体现在如下几个方面：一是化学内部各学科的界限越来越模糊，打破成规和跨越传统二级学科界限的研究成为热点，产生了不少原创和变革性的成果，并催生新兴交叉研究领域；二是化学研究对象的大小尺度和维度——小到研究单分子的结构和性质，大到研究各种不同的分子聚集体——从来没像今天这么宽阔，同时超快（光谱）技术将化学反应研究的时间尺度不断推向极致；三是化学越来越走向精准化，包括基于共价键的精准合成、基于非共价键的精准组装、精确和原位的表征方法及高精度的理论计算方法等；四是过去我们说化学是实验科学，如今实验、理论和计算成为化学发展的三大支柱，大数据和人工智能正在赋能化学快速发展，并有可能形成新的研究范式；五是化学与化工重新相互影响和交叉融合，化学研究成果转化成化工新产品和新工艺速度加快，为可持续发展提供保障。

改革开放四十余年来，随着我国经济快速发展、国家对基础研究的重视和财政投入的增加，科研人才和科研队伍规模不断壮大，我国化学化工基础研究领域发展快、进步大，取得了巨大的成绩。习近平总书记在 2021 年 5 月 28 日举行的两院院士大会上指出："基础研究整体实力显著加强，化学、材料、物理、工程等学科整体水平明显提升。"[1]

我国在化学领域发表论文的数量已持续多年位居世界第一，近年来在化学领域的引文数量及高被引论文数量也位列世界第一，在产出体量上显示出较强的规模优势。根据科学网（Web of Science，WoS）论文数据检索统计，2019 年中国在化学领域的论文产出数量已超过 10 万篇，是第二名美国的 2.6 倍，占世界份额的 37.9%，所占世界份额比 2010 年增长了 18.2 个百分点。论文被引频次总数是第二名美国的 2.8 倍，相对篇均引文量也位居世界前列。其中，TOP 1% 高被引论文数量和 TOP 1‰高被引论文数量分别是美国的 1.7 倍和 1.3 倍。特别值得指出的是，近些年来，我国化学的基础研究全面与国际接轨，已经取得不少系统的原始创新性科研成果，如手性螺环配体和催化体系的不对称催化、聚集诱导发光、有序介孔高分子和碳材料、纳米限域催化、单原子催化、石墨炔、仿生超浸润界面、极紫外自由电子激光装置、单分子拉曼成像等，在国际上产生了重要影响。

进入 21 世纪，可持续发展成为全世界讨论的共同议题之一，历年的联合国报告中也指出了人类可持续发展面临的下列严峻挑战。

（1）人口的增长。自世纪之交，全球人口持续增长，每年全球人口增长约1.0%。2022年，世界人口达到80亿人，预计2030年将达到85亿人。人口规模的持续扩大、人口的地区分布不均衡、加剧的老龄化问题及城市化进程的加快都将给人类可持续发展带来诸多问题。

（2）资源过度消费。2000～2019年，全球资源消费量增长了66%，较20世纪70年代以来增长了两倍，达到951亿t。资源消费区域不均衡，高收入国家人均资源消费量是低收入国家的近10倍，消费模式难以持续。

（3）粮食安全。自2015年以来，全球面临饥饿和食物供应短缺的人数一直在增加，疫情、冲突、气候变化和日益严重的不平等加剧了这种情况。2022年，约9.2%世界人口面临长期饥饿，比2019年增加了1.22亿人。据估计，全球人口中有29.6%（24亿人）面临中度或严重的粮食安全问题，无法获得足够的粮食。

（4）水资源危机。水资源紧张和缺水问题仍然是世界许多地区关注的问题。2020年，24亿人生活在缺水国家，其中近8亿人居住在水资源高度紧张和极度紧张的国家。2022年，22亿人缺乏安全管理的饮用水，其中7.03亿人没有基本的供水服务。许多国家缺乏水体水质监测和废水安全处理设施，农业和未经处理的工业废水是对水质的主要威胁，水中氮和磷监测含量超标。

（5）能源短缺。随着人口的增长和经济的发展，全球对能源的需求呈不断上升的趋势。石油、煤炭等传统化石能源的枯竭问题，以及过度依赖化石能源对环境造成的影响问题日益突出。2021年，世界上仍有约6亿人无法获得电力，超过20亿人仍依赖低效燃料且污染环境的烹饪系统。人们缺乏新的能源利用和提高能源利用效率的方式，可再生能源的发展力度不足，能源产业的升级和优化缓慢。

（6）材料问题。可持续发展要求不断创制性能优越的新材料，且材料应具备可再生性和足够的可替代性，材料生产、使用和服役后应不对生态环境产生负面影响。现有材料制品及其性能仍不能完全满足人类生产生活和社会快速发展的需求，高性能和高技术材料缺乏，材料的创新设计开发和绿色制造技术缓慢，材料生产还存在能耗和排放高、对不可再生的自然资源依赖性强等问题，经济上可行的低碳材料、生物可降解材料和可循环材料仍非常缺乏。

（7）污染问题。工业、社会的发展和人类的活动给世界环境带来了严重的污染与破坏。化石燃料的使用导致大量废气排放和空气污染，工业废水、农业农药和化肥的使用导致水体与土壤污染，土地退化和海洋酸化进程正在加速，大量物种濒临灭绝。垃圾生产量急剧增加，垃圾处理和回收问题变得尤为突出。2021 年，海洋承受着超过 1700 万 t 的塑料污染，预测到 2040 年塑料污染量可能会翻一番或翻三番。

（8）气候变化。随着温室气体排放量持续增加，气候正在恶化。全球气温已经比工业化前的水平高出 1.1℃，到 2035 年可能达到或超过 1.5℃的临界点。越来越频繁和强烈的极端天气事件已经影响到地球上的每个区域，气温上升将进一步加剧这些危险。海平面上升正在威胁沿海地区的数亿人。此外，地球目前正面临“恐龙灭绝”以来最大的物种灭绝事件，生物多样性受到严重威胁。

（9）卫生与健康。尽管取得了巨大进展，2022 年世界上仍有数十亿人无法获得安全饮用水、基本的环境和个人卫生服务。包括新型冠状病毒感染在内的传染性疾病造成了全球卫生成果的重大逆转，儿童疫苗接种经历了三十年来最大的下降，结核病和疟疾死亡人数有所增加。2021 年仍有 500 万名儿童在五岁前丧生，其中近一半死亡发生在出生后的四周内。癌症、艾滋病等各种疾病仍是人类健康面临的重大威胁，肥胖成为健康领域的严重问题。

（10）缺少可持续发展所必需的技术。经济的发展、资源的可持续利用、生态环境质量的提高、人口数量的控制、社会的可持续发展及人民生命健康的保障都需要科技进步的有力支持。当前，与可持续发展相适应所需的技术创新仍然缺乏，亟待大力发展绿色节能低碳技术、可再生能源技术、先进制造技术、数字技术、AI 技术、纳米技术、生物技术等先进技术，消除阻碍技术发展的体制障碍和其他壁垒。

为了解决这些问题、应对可持续发展面临的诸多挑战，国家正在推动经济社会发展绿色全面转型、建设人与自然和谐的现代化，这是总结国内外发展经验后的一个必然选择。

众所周知，尽管化学化工及相关的能源、材料、医药和农用化学品等行业在提升生活水平、提高生活质量、让人们的生活更加丰富和美好等方面做出了其他任何学科所不能替代的贡献，但它们也给可持续发展带来了一些急需解决的问题。例如，2019 年全球生产塑料约 3.91 亿 t，产生废弃物约 3.53 亿 t，回收率约 15%，急需发展现有塑料废弃物高效回收利用的新方法，同时需要发展可闭环回收的聚合物新材料制备方法。2022 年，化工行业的碳排放量约为 12 亿 t，约占工业领域总排放量的 17%，并产生了大量的污染物，急需发展基于新化学原理的变革性化工技术。我国是发展中国家，人均资源占有量低，能源结构不均衡，长期采取传统的经济模式，实施粗放式发展，人口与资源矛盾问题突出。目前，化石能源约占我国能源的 84.7%，其中煤炭占能源总消费的 57.7%。为实现“碳达峰”“碳中和”的目标，需要不断优化能源结构，实现化石能源的高效转化，减少化石能源的使用，增加绿色可再生能源的使用。

针对我国可持续发展社会面临的长远与紧迫问题，我们把本次化学学科的前沿领域发展战略研究聚焦在“化学与可持续发展的社会——挑战与机遇”方面，内容涉及资源、能源、环境、材料、生命与健康、绿色合成和新的化学研究范式等，通过调研各个研究领域的背景、发展简史和重要突破及中国学者的独到贡献，梳理未来拟解决的主要或关键科学问题，提出我国应重点关注和资助支持的研究方面的建议。作为物质科学中一门充满活力和具有解决实际问题能力的核心学科，化学在解决可持续发展社会所面临的问题与挑战时责无旁贷。同时，建立和发展符合可持续发展要求的下一代新兴化学制造业和新质生产力也给化学基础研究带来难得的机遇。

在资源转化与高效利用方面，应关注温室气体高效与高选择性吸附和化学转化研究；探究如何以氮气为氮资源，通过催化实现从氮气到有机含氮化合物的直接转化；开发包括木质纤维素基在内的生物质的高效转化新途径；发展烷烃上惰性化学键的精准活化，实现烷烃高附加值催化转化等。

在能源化学与材料方面，应重视模拟自然界光合作用，构建高效催化制氢体系研究；发展钠离子电池、钾离子电池、多价态金属离子电池等无锂二次电池；设计和创制面向热能高效应用和高效电致制冷的有机热电材料；加快聚合物/有机光伏电池迈向技术产业化的进程研究等。

在化学材料与器件方面，大力支持可循环高分子材料的合成制备方法研究，发展全生命周期的环境友好聚合物材料；继续关注具有应用前景的聚合物半导体材料的基本科学问题研究；重视柔性电子材料、柔性功能器件及系统集成研究，发展柔性可穿戴技术等。

在生命与健康方面，致力于发展快速、灵敏与精准的病毒诊断方法和疾病诊断技术；支持超分子化疗在减毒增效、药物联用、精准递送、可控释放等方面的基础研究和临床应用研究；不断开发新型生物正交反应类型，拓展其在生命科学和医学前沿研究中的应用，发展化学与生物医学交叉的新方向等。

在绿色合成化学与技术方面，应持续支持高效、精准且对环境友好的合成新方法；重点关注包括新型酶促合成、化学合成与生物合成融合、人工光合细胞在内的化学转化新反应体系；重视连续流动合成化学研究新动向，建立和发展微化工技术等。

应高度重视信息科学和 AI 技术引发的化学研究新范式，优先布局大数据和 AI 驱动的化学研究，大力重点支持 AI 赋能的合成化学、催化、功能材料、蛋白质化学领域的探索等。

需要强调的是，面对可持续发展的问题与挑战，化学的研究内容和所能发挥的作用远不止以上这些方面，化学学科的开放性、与其他学科的交叉及融合性决定了化学会将不断吸取发展的新动能，丰富其内涵，拓展其边界，并利用化学的原理和方法解决其他学科难以解决的问题，推动化学和其他学科的新发展。化学工作者也将在创新创造的同时，主动承担建设人与自然和谐共生美丽中国的责任和义务，对解决生态、环境、气候、能源、安全等人类可持续发展遇到的重大问题发挥更大的作用。

本章参考文献

[1] 习近平 . 加快建设科技强国　实现高水平科技自立自强 . http://www.cq.gov.cn/zt/ttxx/zxbd/zyjh/202205/t20220505_10682533.html[2024-03-20].

第二章

资源转化与高效利用

第一节　温室气体吸附与转化

地面及其附近空气因白天吸收太阳的长波和短波辐射而升温，因夜间向外界辐射长波而降温。大气中的水蒸气（H_2O，云层）、二氧化碳（CO_2）、甲烷（CH_4）、一氧化二氮（N_2O）、氢氟碳化物（HFC）、全氟碳化物（PFC）及六氟化硫（SF_6）等成分均可以吸收长波辐射，又分别向上和向下发射长波辐射，向下的辐射会对地面损失的热量进行补偿，减小降温幅度，起到保温作用。研究发现，云层对红外线长波吸收和辐射能力差，而其他几种气体则能有效吸收红外线长波，导致温度升高，类似于温室截留太阳辐射并加热温室内空气的效应，因此称为温室效应，这些气体也被称为温室气体[1]。温室气体的红外线吸收能力不同，甲烷的吸收能力是二氧化碳的 26 倍，一氧化二氮是二氧化碳的 270 倍，氢氟碳化物、全氟碳化物和六氟化硫的吸收能力则更强，但由于二氧化碳约占温室气体排放量的 76%，其所产生的温室效应约占整体温室效应的 25%；甲烷是仅次于二氧化碳的第二大温室气体，约占温室气体排放量的 16%[2]。大气中温室气体浓度升高会导致全球平均温度上升。统计数据表明[3,4]，自第一次工业革命开始，大气中二氧化碳浓度持续升高，并且和全球平均温度上升高度一致，因此认定人为原因造成的二氧化碳浓度升高是导致全球平均温度上升的主要原因。模拟研究表明，全球平均温度升高 1.5℃甚至 2℃将会对全球气候、生态、农业等造成严重的伤害[5]。因此，在联合国主导下，195 个国家于 2015 年 12 月在气候变化巴黎大会上通过了《巴黎协定》，要求全球尽快达到二氧化碳排放的全球峰值（即“碳达峰”），在 21 世纪下半叶实现人为二氧化碳“源”与“汇”的平衡（即“碳中和”），从而“将本世纪全球平均气温上升幅度控制在 2℃以内”，并“努力将温度上升幅度限制在 1.5℃以内”[6]。在“碳达峰”和“碳中和”的战略目标下，我国制定了实现“双碳”目标的实施方案，包括大规模发展清洁能源（零碳）、推进工业领域增效降耗（减碳）、发展温室气体资源化技术（负碳）。其中，温室气体二氧化碳和甲烷的吸附与转化是“负碳”技术的重要内容。

二氧化碳排放主要来自电力（39%）、工业生产（28%）、陆运（18%）、航空（3%）、船运（2%）及居民消耗（10%），其中燃煤发电、水泥制造、钢铁生产、煤化工、沼气提质等行业的二氧化碳排放约占总排放的 70%[7]。目前，从排放源中大规模去除二氧化碳的成熟技术是胺吸收法，链状烷基醇胺和二氧化碳发生化学反应生成氨基甲酸盐，然后输送至再生塔，经加热分解重新生成有机胺和二氧化碳，实现二氧化碳的分离与纯化。该技术路线基于化学吸附，对二氧化碳具有极高的选择性，但再生时需要输入大量能量来破坏二氧化碳和有机胺之间形成的化学键，能耗大、成本高，并且有机胺溶液对设备腐蚀严重，不绿色环保[8]。基于多孔材料的吸附分离是一种物理过程，其利用气体分子在几何尺寸或物理化学属性上的差异，结合特定多孔吸附剂和工艺流程，实现混合气体组分的分离。迄今为止，人们已经开发出包括变压吸附（PSA）、真空变压吸附（VSA）和变温吸附（TSA）在内的气体分离技术。这些分离技术具有能耗低、投资小、操作简便和环境友好等优点，特别是以 Li^+ 交换的低硅铝比 X 分子筛为吸附剂，成功实现了空分变压吸附制氧的商业化应用，为化工、医疗等诸多领域低成本用氧提供了支撑。同化学吸附法相比，物理吸附法对二氧化碳的选择性偏低，目前尚未大规模应用于二氧化碳的吸附分离，但被认为是极具应用前景的二氧化碳分离技术[9]。二氧化碳吸附分离的关键在于吸附剂。商用吸附剂应具备选择性高、吸附容量大、易解吸、吸附 / 解吸速度快、稳定性好和成本低等特点。但是，选择性高与易解吸是一对矛盾。选择性高要求吸附剂和二氧化碳的相互作用强，而易解吸则要求吸附剂和二氧化碳的相互作用弱，因此在实际应用中需要根据工况对二者进行平衡。对二氧化碳具有吸附能力的固体吸附剂包括沸石（zeolite）分子筛、多孔炭、金属有机骨架（metal-organic framework，MOF）材料、介孔氧化物等。其中，沸石分子筛被认为是最具商业化前景的吸附分离材料。近年来，研究人员在沸石分子筛吸附分离二氧化碳方面开展了大量研究，并取得了突出的进展。例如，韩国西江大学的尹庆炳（Kyung Byung Yoon）团队报道了一种微孔硅酸铜吸附材料，在该材料内部存在只允许二氧化碳进入而不允许水进入的二氧化碳纳米管区域，可直接从含水烟气中捕获二氧化碳，解决了吸附剂优先吸附水而不是二氧化碳的难题，但吸附剂需在真空条件下加热再生，因而其经济适用性有待提高[10]。南京工业大学王军团队通过酸性共水解方法制备了含铁自成型丝光沸石（mordenite，MOR）分子筛，将MOR分子筛的孔道尺寸调控到和二氧化碳动力学尺寸相当的0.33～0.34 nm，不但具有目前最高的二氧化碳吸附量，还可以在水蒸气存在的工况下实现CO_2/N_2和CO_2/CH_4的高效分离，但其特殊的酸性合成制备路线及对个别原料的特殊要求是实现商业应用的主要障碍[11]。吉林大学于吉红团队通过精细调控磷酸硅铝RHO分子筛（silicoaluminophosphate molecular sieve with the RHO framework，SAPO-RHO分子筛）的"合页门效应"（trapdoor effect），获得了室温条件下CO_2/CH_4分离选择性最好的吸附剂，分离因子高达2196，展现出良好的二氧化碳吸附分离前景，但该吸附剂的吸附动力学有待进一步提高[12]。

甲烷是排放量第二大的温室气体，主要排放源包括多点散发不可控的牲畜肠道发酵（27%）、城市垃圾填埋场（11%）、水稻种植（7%）、城市污水处理系统（7%）、相对比较集中可控的石油天然气生产和运输过程（24%）及煤矿开采过程（9%）[13]。甲烷的减排主要针对在油气和煤炭生产过程中一些浓度极低而无法利用的甲烷（比如煤矿开采过程中浓度为0.1%～1.5%的乏风甲烷）[14]。利用极低浓度甲烷的关键是，通过CH_4/N_2分离将甲烷浓度从0.1%～1.5%提升到可以直接用于发电的8%以上[15]。然而，甲烷（3.8 Å）和氮气（3.64 Å）的动力学直径非常接近，都是非极性分子，用成熟的低温精馏技术分离不具备任何经济性。此外，甲烷的极化率（2.6×10^{-24} cm^3）比氮气的极化率（1.7×10^{-24} cm^3）高，因此甲烷在大多数吸附剂上的平衡吸附容量高于氮气，理论上可以实现吸附分离。然而氮气具有甲烷不具有的四极矩（1.52×10^{-26} esu cm^2）[16]，可以与吸附剂中的阳离子等吸附位点相互作用，增加氮气的吸附容量，从而降低吸附剂的分离效果，因此 CH_4/N_2 的高效分离是工业上最重要且难度最大的分离过程之一。太原理工大学李晋平团队[17,18]利用疏水型纯硅 MFI 沸石分子筛和纳米级菱沸石（chabazite，CHA）沸石分子筛，设计开发了低浓度煤层气两段变压吸附富集甲烷工艺并实现了产业化运行，经中国石油和化学工业联合会组织专家鉴定，认为“该技术创新性强，指标先进，低浓度煤层气富集技术达到了国际领先水平”[19]。

通过吸附分离过程，可以用较低能耗将二氧化碳和甲烷捕获纯化，而将其转化成其他化学品，才能实现真正意义上的“碳减排”。在自然界，绿色植物通过光合作用将二氧化碳转化成其他含碳物质而实现碳循环，因此通过化学方法将二氧化碳转化成其他含碳物质是“负碳”技术的核心，其中的关键是二氧化碳的活化。二氧化碳的标准摩尔生成吉布斯自由能（$\Delta_f G_m^\ominus$）为 −394.38 kJ/mol，分子中碳原子处于最高价态，整个分子处于最低能量态，化学性质稳定。因此，活化二氧化碳需要克服很高的热力学能垒，通常需要使用催化剂和高温、高压等条件。通过热催化二氧化碳加氢制一氧化碳、甲酸、烷烃、烯烃等能源产品工艺已处于中试阶段，二氧化碳加氢制甲醇技术已处于工业示范阶段。通过开发高效催化体系，可在温和条件下通过构筑碳—氧、碳—氮和碳—碳等化学键将二氧化碳转化成羧酸/羧酸酯、碳酸酯、甲酰胺、脲等高附加值化学品。二氧化碳的光/电催化转化也是研究热点，但目前转化效率仍普遍偏低，需要开发更加高效的催化体系。耶鲁大学的王海梁团队和南方科技大学梁永晔团队合作开发了酞菁钴、碳纳米管复合催化剂，在近中性条件下将二氧化碳电催化还原制甲醇的法拉第效率从过去普遍的约 1% 提高到超过 40%[20]。武汉大学邓鹤翔及其合作者开发了一种二氧化钛填充的金属有机骨架，二氧化钛单元与金属有机骨架中的催化金属簇之间产生协同作用，使二氧化碳还原的表观量子产率达到 11.3%，同时产生当量氧气[21]。

甲烷分子转化的关键是碳—氢键的活化，这是由于碳—氢键解离能高达 439.3 kJ/mol[22]。甲烷的选择性活化和定向转化是世界性难题，被誉为是催化乃至化学领域的“圣杯”。甲烷水蒸气重整和费–托合成是目前工业上甲烷转化的主要途径；然而，甲烷水蒸气重整生产合成气高度吸热，反应耗能高，需要在高温（700～1100℃）的条件下进行，导致选择性低。因此，人们一直致力于开发其他甲烷的高效转化技术路线，并取得了重大进展。中国科学院大连化学物理研究所包信和团队通过将单个铁位点嵌入二氧化硅基质，制备了能将甲烷直接、非氧化地转化为乙烯和芳烃等高附加值化学品高效催化剂。在 1090℃条件下，甲烷的转化率高达 48.1%，乙烯的选择性高达 48.4%，碳氢化合物的选择性超过了 99%。这表明，甲烷实现了 100% 的原子经济转化[23]。浙江大学肖丰收团队提出“分子围栏”策略，设计构筑了新型功能中心–分子筛协同催化体系，使甲烷直接氧化制甲醇的选择性高达 92%，实现了甲烷的低温（70℃）高效催化活化和定向转化[24]。美国布鲁克黑文国家实验室的刘萍及其合作者发现，在有水的条件下，$CeO_2/Cu_2O/Cu$ (111) 可以高效催化甲烷转化为甲醇，转化率接近 70%。他们利用常压 X 射线光电子能谱法（X-ray photoelectron spectroscopy，XPS）发现水可以在催化剂表面生成甲氧基，从而加快甲醇转化，而氧气会重新氧化被还原的表面[25]。

二氧化碳和甲烷是温室气体，同时也是重要的碳源，将其分离纯化并转化成含碳化学品，进而切入全球碳循环是实现全球高质量和可持续发展的关键（图 2-1）。吸附分离法具有低能耗、投资小、操作简便和环境友好等优点，是未来的发展方向。在温和

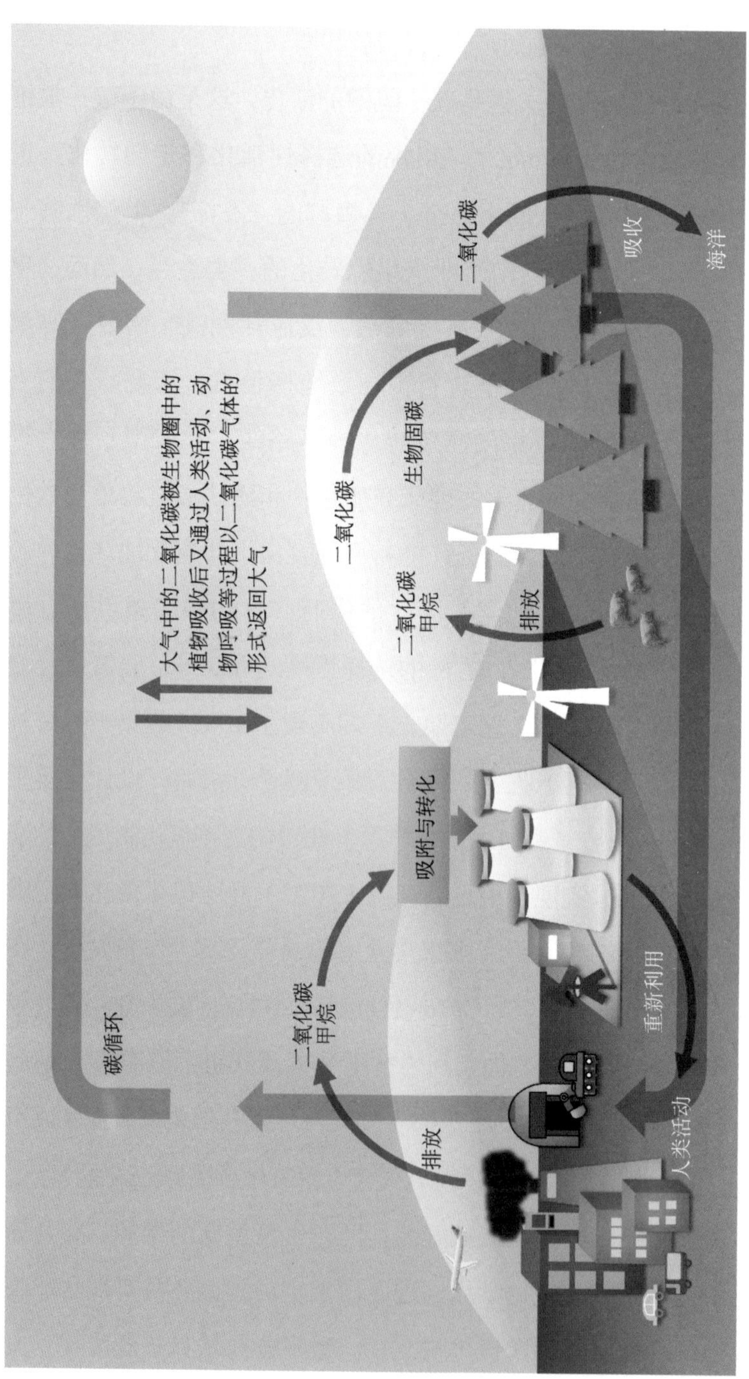

图 2-1　可持续发展时代背景下的碳循环示意图

条件下，将二氧化碳和甲烷转化成高附加值的烯烃、芳烃、含氧化合物的关键是开发出能够活化二氧化碳和甲烷中碳—氢键的高效催化剂，利用高分辨原位表征技术，并结合催化过程的近实验条件下的理论模拟，进而理解二氧化碳和甲烷催化转化机理是定向开发此类高效催化剂的前提。

第二节　氮气的固定和转化

氮元素是生命赖以生存和延续的重要元素，在人类生活中起着至关重要的作用。氮气是氮元素在自然界中存在的主要形式，其在大气层中的体积比为 78%。氮气分子中氮氮三键的解离能高（944 kJ/mol），HOMO-LUMO① 能隙大（10.82 eV）[26,27]，且为非极性分子，导致其化学性质极其惰性。自然界中，豆科植物通过根瘤菌实现从氮气到氨的转化。该转化过程是自然界中氮循环最重要的组成部分，是生物学家研究的重要固氮过程，也是合成科学家希望模拟从而实现温和条件下氮气固定和转化的理想过程，但是目前还没有成功的例子。随着合成科学的发展，20 世纪初氮气的固定和转化实现了巨大突破，哈伯–博施法成功地实现了从氮气到氨的催化合成，奠定了现代农业的基础，养活了世界 1/3 的人口，可谓合成科学家发展的最伟大的反应之一[28]。但此合成氨工艺能耗大（主要能耗是用于氢气的合成），对设备的要求较高，因此在温和条件下实现氮气的直接高效活化与转化成为当代化学家

① 最高占据分子轨道（highest occupied molecular orbital，HOMO）与最低未占分子轨道（lowest unoccupied molecular orbital，LUMO）。

致力于研究和探索的重要前沿基础科学问题。

受自然界生物固氮模式启发，科学家们在模拟仿生固氮均相催化合成氨领域做了很多有益的尝试。从20世纪70年代开始，我国科学家在此领域也作出了重要贡献，对固氮酶的结构提出了著名的厦门模型和福州模型[29]。结合固氮酶的结构及作用机制，通过过渡金属配合物活化氮气分子并进一步转化成为含氮化合物是化学家们采用的主要研究策略。在配合物中，过渡金属与氮分子可按照不同的配位模式配位实现氮—氮键的活化，降低氮—氮键键级。自1965年第一例双氮配合物$[Ru(NH_3)_5(N_2)]^{2+}$报道以来[30]，大量过渡金属氮分子配合物被相继合成出来并进行了结构鉴定，中心金属涵盖大部分过渡金属。利用不同种类的过渡金属作为催化剂，在特殊的还原剂和质子源存在下，过渡金属催化氮气固定合成氨有了一些突破性进展。2003年，施罗克（Schrock）等率先报道了单核钼金属配合物催化还原氮气合成氨[31]；2019年，西林（Nishibayashi）课题组发展了$[PNP]MoX_3$催化的高效合成氨体系，以廉价易得的SmI_2、水或者醇分别为还原剂与质子源，其生成氨速率可接近固氮酶体系（TOF①, 117.0 min^{-1}）[32]。另外，该领域的重要进展还体现在实现了常温常压下金属氮分子配合物催化的氮气到肼、硅胺、硼胺等化合物的转化上，然而较低的反应效率和强金属还原剂的使用在一定程度上限制了其在合成上的应用。我国科学家另辟蹊径，采用“过渡金属-氢化锂”（TM-LiH）双活性中心催化剂体系，为温和条件下合成氨提供了新思路[33]。电化学合成氨具有更悠久的历史，通过单原子催化电化学还原氮气合成氨也是最近一个重要的研究方向，但无论是效率还是规模都远没

① 转化频率（turnover frequency，TOF）。

有达到工业应用的水平。然而电化学合成氨可以在常温常压、水相体系中直接将氮气转化为氨，具有其独特的优点，因此高效率催化体系的发展有望进一步推动合成氨工业的发展。

世界上每年合成氨中有 1/4 用于含氮有机化合物的合成，此过程相关转化主要是通过氨氧化合成硝酸，再进一步通过硝化和后续转化来实现的。在一般情况下，这些化学过程不仅会产生大量的强氧化性、强腐蚀性废酸，造成巨大的环境负荷，同时相关工业过程也存在很大的安全隐患。因此，通过催化转化直接实现氮元素从氮气到有机含氮化合物的转化一直是合成科学家的梦想。此策略一方面可以显著提高含氮化合物合成步骤的经济性和效率，另一方面也可以避免传统氮元素引入需要的高耗能、高危险、高污染过程。自 20 世纪 60 年代，化学家就开始对过渡金属参与的氮气到有机小分子的转化进行了探索，如 Cp_2TiCl_2 促进的氮气直接到苯胺等不同种类的含氮小分子的转化[34]。随后，人们利用在还原剂存在下氮气和金属钛配合物形成的钛—氮中间体与亲电试剂反应完成了酰胺、腈等含氮有机小分子的构建[35]。此方法可以推广到其他金属-氮配合物，进一步实现联氮类、草酰胺等多种含氮化合物的合成[36]。Holland 课题组报道了通过铁配合物顺序活化苯与氮气从而合成苯胺类化合物，为碳—氮键的构建提供了新的思路[37]。另一个重要的进展是通过金属氮化物与炔烃的交叉复分解反应，实现了氮气到腈类化合物的转化[38]。另外，我国科学家席振峰等报道了钪配合物促进的氮气到烷基肼的转化[39]。但到目前为止，直接通过过渡金属催化实现从氮气到有机小分子转化，同时回收金属物种再利用仍未见报道。施章杰等另辟蹊径，耦合金属锂对氮气的高反应活性及过渡金属钯催化的碳—氮键形成反应，实现了从氮气出发一锅两步法合成多芳基苯胺、含氮杂环及聚芳胺、聚联芳胺等化合物[40]。

作为战略基础科学研究方向，氮气的固定和转化日趋受到重视和关注。结合过去几十年的研究基础及未来为合成科学领域可能带来的重要推动作用，此领域亟须进一步推动和发展。为此，我国国家自然科学基金委员会专门立项，将其作为“空气主份转化化学”基础科学中心的重要研究方向。我们可以看到，相较于研究较多的过渡金属催化还原氮气合成氨的过程机制较为明确，氮气直接合成有机小分子的研究相对滞后。尽管多种过渡金属甚至主族金属都可以与氮分子配位，实现对氮分子不同程度的活化，氮分子和金属中心之间配位的热力学及动力学数据却相对较少，没有形成系统规律，因此很难从理论上进一步指导氮气的配位活化；另外，金属物种对氮分子的配位活化和断键作用机制及形成金属-氮物种后氮原子转移机制有待进一步探索和阐明，以为氮气分子到有机小分子的转移提供理论依据和指导；尽管很多过程实现了合成循环，但强还原剂与活泼亲电试剂的使用导致二者在同一体系中难以兼容，真正意义上的催化循环并没有实现，有待进一步研究和发展。

基于此，发展新型高效的催化剂，从氮气出发催化合成含氮有机化合物，探索原子经济性与步骤经济性的氮气转化新途径，是亟待解决的挑战性科学问题。系统阐明氮气配位活化及氮原子转移机制；利用多核金属中心协同对氮气进行固定和活化；探索含氮金属中间体新型反应模式实现氮原子转移（例如与不饱和化合物采用环加成反应对双氮单元同时转移）；摒弃外加还原试剂，寻找温和的途径激发活性金属中心对氮气的还原裂解，增强氮气固定及转化两个反应过程的兼容性；开发从氮气出发到高效易获得的含氮试剂及相关平台分子的发展及应用，都将是此领域值得探索的研究方向。另一方面，结合自然界中极端条件下氮气和氧气发生氧化反应产生氮氧化合物，模拟极端条件实现对氮气的转化也具有重要理论研究价值。极端条件（如高压电弧、超高压、等离子体环境等）可为碳氢化合物的氮氧化、氮气和烷烃的混合重整等提供新思路（图 2-2）。我们相信，随着氮气催化转化领域的发展，将开辟从氮气到含氮有机小分子的捷径，将会带来含氮有机化学合成科学的革命。

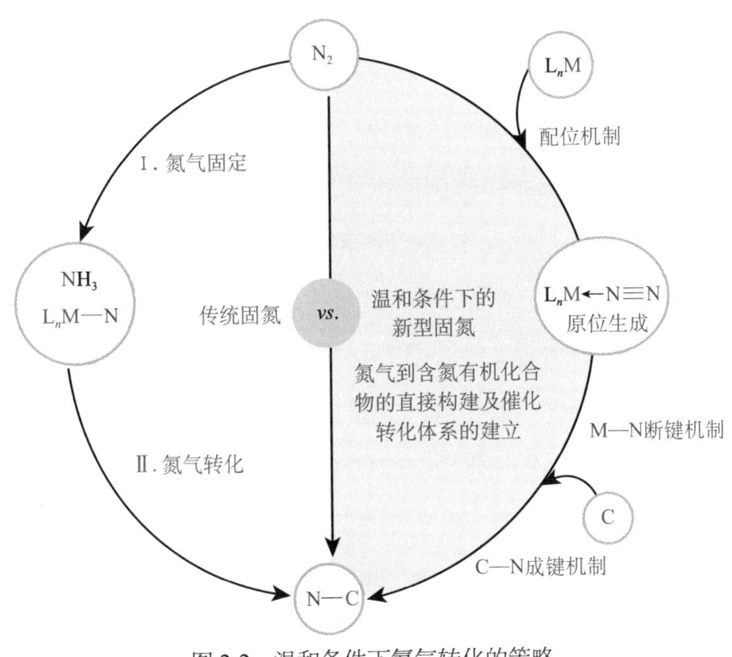

图 2-2　温和条件下氮气转化的策略

第三节　生物质高效转化

生物质泛指直接或间接利用光合作用所形成的有机质，是地球上唯一的可再生有机碳资源。近年，随着煤、石油、天然气等传统化石资源的日渐枯竭及其使用所带来的二氧化碳过度排放等问题的出现，高效利用资源丰富且可再生的植物基生物质来替代化石资源生产液体燃料、化学品和功能性高分子材料等，已成为人类社会可持续发展的必然选择，是“绿色碳科学”的核心组成和实现“碳中和”目标的重要途径之一[41]。相较于以烃类为主的传统化石资源，生物质存在组成复杂、含氧量高及解聚困难等，无法简单地通过现有化学工业过程来进行转化利用。实现生物质的高效转化有赖于从基础科学理论到应用技术的全面变革与创新，亟待发展生物质高效转化的新方法、新过程与新工艺。

在保障粮食供给安全、避免“与人争粮、与粮争地”的基本前提下，以农业废弃物为主的木质纤维素基生物质是当前生物质转化利用的主要目标。木质纤维素主要包含纤维素（由葡萄糖组成的大分子多糖，含量35%～50%）、半纤维素（由C_5与C_6单糖组成的多糖，含量25%～30%）和木质素（由氧代苯丙烷及其衍生物组成的芳香性聚合物，含量15%～30%)[42]。传统的木质纤维素转化一般需要先气化为合成气（一氧化碳和氢气）或裂解/液化为生物油，再利用费-托合成或重整等反应制备液体燃料或化学品。这些过程能耗高、效率低，未能实现规模化应用。相比之下，在温和条件下催化断裂特定碳—氧/碳—碳键，实现木质纤维素直接或经由生物质基平台分子转化制备高附加值液体燃料和化学品（图2-3)，在能耗及原子经济性上具有显著优势。

虽然木质纤维素中半纤维素呈无定形态，易解聚，但纤维素和木质素则分别因高结晶度和强碳—氧—碳键，通常需要在较苛刻条件下进行解聚；这导致所获得的单体极不稳定，容易再聚合成难降解的高聚物。利用串联反应将这些单体原位快速转化为更稳定的产物是解决该难题的重要策略。以纤维素为例，将解聚与加

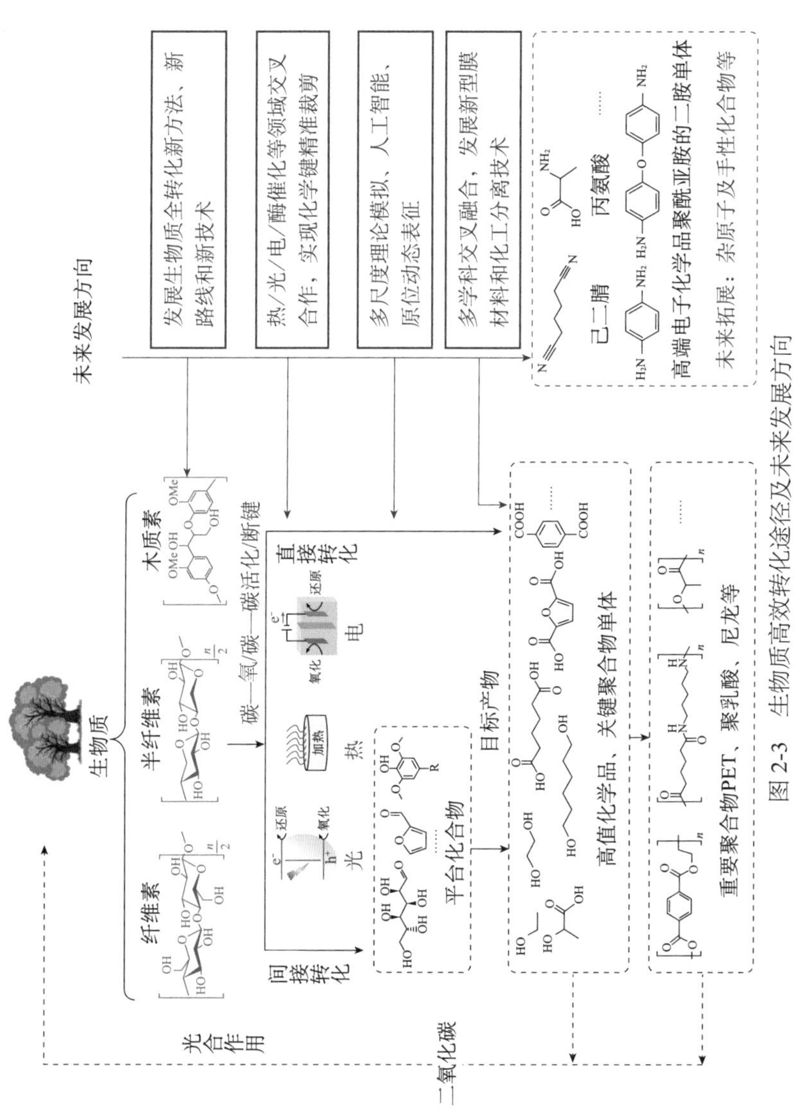

图 2-3　生物质高效转化途径及未来发展方向

氢等反应耦合可实现纤维素“一锅法”制备醇类化合物。2006年，北京大学寇元、刘海超等利用纳米钌（Ru）催化剂在离子液体中选择加氢断裂β-糖苷键，实现纤维二糖直接解聚加氢合成多元醇[43]。刘海超等进一步利用近临界水溶剂原位解离生成的质子来催化纤维素水解，并与加氢过程耦合，高选择性获得山梨醇等C_6多元醇[44]。日本北海道大学福冈（Fukuoka）等则利用金属-固体酸双功能催化剂实现了纤维素水解-加氢转化制山梨醇[45]。2008年，中国科学院大连化学物理研究所张涛等在镍-钨催化剂上首次实现纤维素直接转化制乙二醇，开辟了一条生物质合成乙二醇新路线[46]，并已于2019年启动千吨级中试。厦门大学王野等通过串联纤维素水解-异构化-逆羟醛缩合等反应，成功实现纤维素直接高效合成乳酸[47]，为可降解塑料聚乳酸单体的合成提供了新途径。中国科学院大连化学物理研究所张涛等国内多个团队在纤维素直接制乙醇方面取得突破[48]。此外，中国科学技术大学傅尧、中国科学院广州能源研究所马龙隆、华东理工大学王艳芹、四川大学胡常伟等围绕纤维素催化转化也取得了诸多研究进展[49,50]。

木质素是最主要的可再生芳香族化合物之源，但其解聚常需要苛刻的反应条件，导致产物选择性难以控制且生成的芳香单体极易发生不可逆缩合，因此木质素的高效、高选择性转化更具挑战性。镍（Ni）、铂（Pt）、Ru等金属催化剂可加氢解聚木质素获得酚类化合物等芳香族化合物单体，但反应条件苛刻（≥200℃，H_2压力≥4 MPa）[51]，易导致深度加氢使得产物去芳香性。中国科学院大连化学物理研究所徐杰等采用甲醇溶剂热方法将木质素片段化，提升了酚类化合物的选择性[52]。美国威斯康星大学麦迪逊分校Stahl等的有机化学研究团队发现，通过预氧化木质素中桥联β-O-4键的羟基为羰基，可降低桥联键键能，在相对温和条件下

（100℃）高选择性获得酚类产物[53]。厦门大学王野、中国科学院大连化学物理研究所王峰等发展了常温常压下光催化木质素 C—O 和 C—C 键高效活化的新方法；王野等还首次实现了光催化原生木质素高效转化和木质纤维素全利用[54]。华东理工大学王艳芹等在木质素选择转化制烃类化合物方面开展了有特色的研究[55]。

除直接转化外，木质纤维素还可以先转化为特定的平台化合物分子，然后经进一步催化转化获得目标产物。厦门大学王野等发展 Pd-ReO_x 双功能催化剂体系，从纤维素平台分子葡萄糖经葡萄糖二酸成功合成了己二酸。该工作为己二酸这一重要聚合物单体的绿色合成提供了新路线[56]。糠醛和 5-羟甲基糠醛（HMF）被认为是连接 C_5、C_6 单糖同下游液体燃料和化学品的重要平台分子，其催化转化的关键在于选择性控制。北京大学马丁和厦门大学王帅等利用碳化钼可调控糠醛转化选择性，以高收率（＞90%）分别获得了糠醇和 2-甲基呋喃[57]。中国科学院化学研究所韩布兴等制备出具有体心立方结构的 PdCu 双金属催化剂，在近室温下将 HMF 定向加氢脱氧为 2-甲基呋喃（收率＞93%）[58]。光催化和电催化可在温和条件下驱动各类化学反应，为生物质及其平台分子的转化利用提供了新的契机。中国科学院大连化学物理研究所王峰等利用 Ru^{3+} 掺杂 $ZnIn_2S_4$ 实现了 2-甲基呋喃和 2,5-二甲基呋喃碳—氢键的光催化活化，获得了作为柴油前体的偶联产物和氢气[59]。在电催化或光电催化体系，利用阳极选择氧化生物质耦合阴极产氢或二氧化碳还原，可替代反应动力学缓慢的析氧反应，提高能量转化效率和过程经济性。例如，美国威斯康星大学 Choi 等在电/光电催化产氢的同时，利用阳极实现了 HMF 高效选择性氧化合成 2,5-呋喃二甲酸的反应[60]。

综上所述，生物质催化转化领域近年取得了诸多突破性进展。

我国产出了纤维素一步制乙二醇、乙醇、己二酸等诸多原创性成果，在国际上处于领先地位。然而，目前生物质的规模化转化利用仍处在探索阶段。原因主要在于：①生物质及其平台化合物具有多官能团特征，实现特定化学键在温和条件下的精准裁剪依然困难，许多高选择性转化方法依然仅适用于模型化合物；②生物质原料的组成通常较复杂且不同来源生物质的组成差别大，实现各组分的有效分离、同步高效转化和生物质全利用仍面临巨大挑战；③生物质转化过程产物通常较为复杂，依然缺乏高效、低能耗的产物分离方法和工艺。

多学科的深入交叉融合和化学向精准化迈进，将极大地推动生物质转化利用领域的基础研究突破与工业过程的革新（图 2-3）。可以预期，光催化、电催化、酶催化、机械化学等方法及其与热催化的有机结合，将在生物质预处理与选择解聚方面显示巨大的潜力。拓展生物质及其重要平台分子的转化新路径，合成具有特殊功能的化学品，如含氮（N）、硫（S）和磷（P）等杂原子的化合物及手性化合物，将进一步提升生物质利用的附加值。利用生物质直接合成可再生功能性高分子新材料亦具有重要的发展前景。此外，结合多尺度理论模拟、AI 和原位动态表征等，深入认识生物质转化过程的反应机理和催化剂构效关系，有助于理性设计和构筑高性能催化剂，实现催化转化的精准化。化学、化工和材料领域的交叉融合，各种新型膜材料和化工分离技术的涌现将促进生物质转化产物分离技术的进步。可以预期，随着生物质转化利用原创性成果的不断积累，该领域必将迎来从基础研究到规模化生产的变革，推动建立高值化学品和聚合物单体绿色生产的新化工过程。

第四节　烷烃高附加值转化反应

合成化学是物质创造和转化的重要手段，为人类社会生活的衣、食、住、行、医等各个方面提供了丰富的物质基础。有机合成的源头主要是广泛存在于石油、天然气中的烷烃类物质。传统的合成工业通过催化重整将烷烃转化为各级烃类衍生物，如烯烃和芳烃等，再通过多步转化形成各级合成原料（图 2-4）。整个过程能耗高、步骤烦琐，带来了资源和能源的大量消耗及环境污染等一系列问题，不符合节能减排和可持续发展的理念。因此，如何在满足社会需求的同时，最大限度地节约资源、能源和保护环境，实现功能物质分子的高效、绿色合成，是合成化学发展的必然趋势，也是促进社会可持续发展重大战略的核心需求[61]。对烷烃资源直接进行功能化转化，可缩短高附加值化合物的合成路线，将对化工生产和相关产业产生变革性的影响，是实现合成化学跨越式发展的关键。与含有高活性 π 键的烯烃和芳烃相比，烷烃分子主要由低活性的碳氢 σ 键和碳碳 σ 键组成，不具有常规意义上

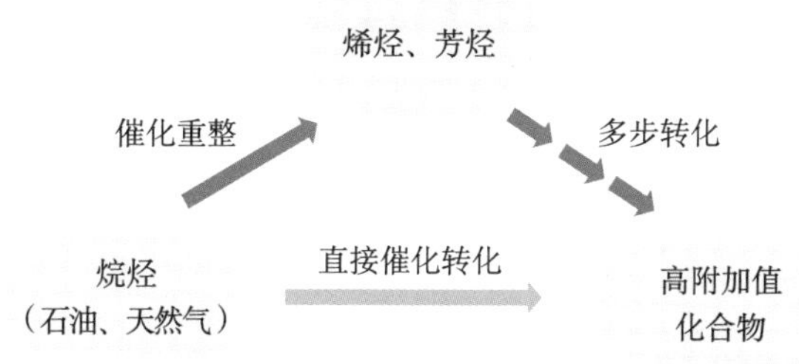

图 2-4　基于惰性键活化的烷烃高附加值催化转化

的反应位点。要实现烷烃的高效转化，化学家需要打破传统反应规律的束缚，以一种“点石成金”的方式在原本没有反应活性的位点进行化学键的断裂和重组，从而开辟更加理想的合成策略。正因为这种颠覆传统化学反应规律的挑战，烷烃上惰性键的精准活化代表着当前合成化学领域的一项重大前沿科学问题，被视为合成化学领域的“圣杯”[62]。该领域的突破有望提升对惰性化学键的认知和改造能力，对人类社会的可持续发展作出重要贡献。

与许多其他重大化学挑战的攻关一样，催化反应和工程技术是实现烷烃高附加值转化的最有效途径。在过去的半个多世纪里，化学家们探索了多种异相和均相的催化手段来实现不同类型的烷烃转化[63]。一般来说，异相催化过程更多依赖物理化学手段，易规模化，注重经济性，但主要集中于少数大宗化工品的制备。该类技术已经取得较迅速的进展，实现了具有一定实用价值的烷烃向醇、酮、羧酸和烯烃等化合物的转化[64]。均相催化更多依赖有机化学手段，可在更温和的条件下进行，具有选择性高和转化模式多样的优势。然而，烷烃的均相催化转化目前大多处于实验室的研发和应用阶段，但随着对反应机理的深入理解和催化调控手段的不断优化，有望实现烷烃均相催化转化的规模化放大，从而为精细化学品、药物中间体等高附加值产品的生产提供理想的方案。

不同于异相催化过程比较容易实现分子骨架中碳碳 σ 键的断裂，均相催化中烷烃的转化主要通过对烷烃表面 sp^3 杂化碳氢 σ 键进行活化和官能团化。实用的烷烃碳氢键活化反应，不仅需要在相对温和的反应条件下切断具有高键能和低极性的碳氢键，还要进行区域和立体选择性控制，具有极大的挑战性。自 20 世纪 70 年代起，化学家们成功地探索了多类均相催化烷烃碳氢键活化反应途径，主要包括过渡金属促进碳氢键断裂形成碳–金属键的策略，金属促进卡宾或氮宾对碳氢键的插入反应和由氢原子转移引发的自由基反应策略[65,66]。其中，基于碳−金属键中间体的反应策略被认为是最经典的碳氢活化反应，其发展有力地拓展了传统的金属有机催化理论体系。基于碳−金属键中间体的反应可通过过渡金属调控的亲电取代、氧化加成和 σ 键复分解三种途径来进行关键的碳氢键切断。该类反应通常对烷烃末端的一级碳氢键表现出优异的选择性。在缺电子过渡金属介导的亲电取代碳氢活化反应中，碳氢键的氢以质子形式离去从而形成烷基−金属中间体。希洛夫（Shilov）发展了在酸性水溶液中 Pt 催化甲烷氧化制备甲醇的反应，开创了该类碳氢活化反应的先河[67]。但这些反应还存在底物范围受限、催化效率低下等显著缺陷。值得一提的是，作为亲电取代碳氢活化体系的一个分支，基于导向基团促进的钯催化烷基底物的碳氢键活化反应在近二十年取得了突飞猛进的发展，为碳氢化合物的转化提供了新颖的合成工具[68]。在氧化加成碳氢活化途径中，富电子过渡金属（如铑、铱）配合物可协同式切断碳氢键从而产生烷基−金属−氢中间体。基于该机理，哈特维格（Hartwig）发展了烷烃端位碳氢硼化反应，并初步展示了其在复杂有机底物上不需导向控制的烷烃碳氢键选择性转化的应用[69]。克拉布特里（Crabtree）、戈德曼（Goldman）、布鲁克哈特（Brookhart）等开发了一系列烷烃脱氢反应来制备烯烃和芳烃[70,71]。黄正等进一步将烷烃脱氢反应与烯烃原位异构化、官能化反应进行串联来制备杂原子取代衍生物[72]。与亲电取代碳氢活化相比，金属催化氧化加成碳氢活化在成键调控和反应效率上展现出了更好的发展潜力。在经典金属催化碳氢活化之外，基于卡宾、氮宾对碳氢键插入和氢原子转移引发的自由基反应也为在烷烃二级和三级碳氢键位点构筑碳碳和碳杂原子键提供了重要的途径。金属催化的卡宾、氮宾介导的碳氢活化通常不产生烷基金属中间体，但可以通过金属调控卡宾和氮宾中间体的反应性来实现对目标碳氢键的选择性插入。例如，佩雷斯（Pérez）课题组发展了基于银催化卡宾对简单烷烃碳氢键的插入反应，实现了羧酸脂的合成[73]；戴维斯（Davies）和廖矿标通过对配体的设计，实现了铑催化卡宾对烷烃碳氢键的高区域和立体选择性插入反应，为烷烃高附加值转化开辟了一条重要渠道[74]。基于氢原子转移引发的自由基反应是自然界中酶催化烷烃碳氢键活化的主要手段，合成化学家则使用金属催化剂发展了自由基介导的烷烃转化策略。在烷烃的仿生氧化转化之外，该类策略还可通过金属中心与均裂攫氢生成的碳自由基中间体结合来实现更复杂的碳氢官能化。例如，刘国生、刘心元等展示了基于烷基-金属中间体的多样化成键反应和不对称烷烃转化[75,76]。另外，近年来兴起的光催化体系通过自由基介导实现了在更加温和、经济的条件下的烷烃碳氢键活化，为烷烃的绿色转化提供了创新性途径。例如，左智伟课题组利用廉价的铈盐/醇的协同催化体系在室温光照条件下可将甲烷一步转化为氨基化产品[77]。

经过半个世纪的努力，化学家们已经摸索出多条烷烃催化转化的反应途径，并打下了坚实的理论基础。然而，这些进展离理想的烷烃高附加值转化目标还有很大的差距。现有的烷烃均相催化体系在反应性和实用性上还存在着突出的问题，特别是转化的整体经济性偏低。在反应性层面上，能够实现的转化形式和选择性控制手段依然有限；在实用性层面上，催化剂和试剂成本高、转化效率低。在温和反应条件下进行的烷烃选择性转化大多需要高活性的特殊试剂来配合，同时需要大量添加剂；高温反应条件通常会降低官能团的耐受性，从而限制了产物附加值的提升。

为应对这些挑战，实现高效、绿色、经济的烷烃高附加值转化，化学家需要在基础理论、方法学研究和工程技术上进行全面的升级。在对传统研究方式的继续挖掘之外，需要加强多学科的交叉合作，积极探索新型催化技术和研究模式。这种以重大化学化工问题为导向的多学科研究范式为新催化科学的研究提供了多元的发展机遇。抛砖引玉来说，以下几个方向可能会给未来烷烃转化研究带来新的进展。①多元调控的协同：发展多催化剂协同体系，借助光、电、热等多种调控手段，结合正负离子、自由基、金属卡宾 / 氮宾等活性中间体，实现在温和条件下烷烃的多样性、不对称转化。②均相和异相催化技术的融合：在单原子催化体系中引入配体，实现对底物和中间体的选择性调控；在均相催化体系中引入金属有机骨架、分子笼等，实现催化剂的固载和底物的富集，提高反应活性和催化剂的催化效率。③新型生物催化技术：通过酶的定向进化技术，发展高效酶催化反应，利用代谢工程发展生物催化合成技术。

烷烃高附加值转化研究的核心任务是克服最常见化学键的惰性对重要有机资源高效利用的束缚，这是人类科技发展中必须解决的一道重要难题。随着理论认识的提高和新技术的发展，化学家们有信心在不远的将来取得系列重大突破，为塑造新的可持续发展的化工体系作出应有的贡献。

本章参考文献

[1] World Meteorological Organization, United Nations Environment Programme.

Climate Change: The 1990 and 1992 IPCC Assessments. Canada: Intergovernmental Panel on Climate Change, 1992.

[2] Edenhofer O. Climate Change 2014: Mitigation of Climate Change. New York: Cambridge University Press, 2015.

[3] Atmospheric CO_2 Data. https://scrippsco2.ucsd.edu/data/atmospheric_co2/primary_mlo_co2 record.html[2022-04-01].

[4] Robert R. Global Temperature Report for 2020. http://berkeleyearth.org/global-temperature-report-for-2020/[2022-04-01].

[5] Schleussner C F, Rogelj J, Schaeffer M, et al. Science and policy characteristics of the Paris Agreement temperature goal. Nature Climate Change, 2016, 6: 827-835.

[6] The Paris Agreement. https://unfccc.int/process-and-meetings/the-paris-agreement[2022-04-01].

[7] Liu Z, Ciais P, Deng Z, et al. Carbon Monitor, a near-real-time daily dataset of global CO_2 emission from fossil fuel and cement production. Scientific Data, 2020, 7: 392.

[8] Rochelle G T. Amine scrubbing for CO_2 capture. Science, 2009, 325: 1652-1654.

[9] Bai R B, Song X W, Yan W F, et al. Low-energy adsorptive separation by zeolites. National Science Review, 2022, 9: nwac064.

[10] Datta S J, Khumnoon C, Lee Z H, et al. CO_2 capture from humid flue gases and humid atmosphere using a microporous coppersilicate. Science, 2015, 350: 302-306.

[11] Zhou Y, Zhang J L, Wang L, et al. Self-assembled iron-containing mordenite monolith for carbon dioxide sieving. Science, 2021, 373: 315-320.

[12] Wang X H, Yan N N, Xie M, et al. The inorganic cation-tailored “trapdoor” effect of silicoaluminophosphate zeolite for highly selective CO_2 separation. Chemical Science, 2021, 12: 8803-8810.

[13] Global Methane Initiative. Global Methane Emissions and Mitigation Opportunities. https://www.globalmethane.org/documents/gmi-mitigation-factsheet.pdf [2022-04-01].

[14] Yang Z X, Hussain M Z, Marín P, et al. Enrichment of low concentration methane: an overview of ventilation air methane. Journal of Materials Chemistry A, 2022, 10: 6397-6413.

[15] 胡敏，梁红，陈美安，等 . 甲烷减排：碳中和新焦点 . 北京：北京绿色金融与可持续发展研究院，高瓴产业与创新研究院，绿色创新发展中心，2022.

[16] Wu Y Q, Weckhuysen B M. Separation and purification of hydrocarbons with porous materials. Angewandte Chemie International Edition, 2021, 60: 18930-18949.

[17] Shang H, Bai H H, Li X M, et al. Site trials of methane capture from low-concentration coalbed methane drainage wells using a mobile skid-mounted vacuum pressure swing adsorption system. Separation and Purification Technology, 2022, 295: 121271.

[18] Yang J F, Liu J Q, Liu P X, et al. K-Chabazite zeolite nanocrystal aggregates for highly efficient methane separation. Angewandte Chemie International Edition, 2022, 61: e202116850.

[19] 重点实验室创制的甲烷 / 氮气分离吸附剂及其低浓度煤层气富集技术达到国际领先水平 . http://ccet.tyut.edu.cn/info/1118/3608.htm[2022-04-01].

[20] Wu Y S, Jiang Z, Lu X, et al. Domino electroreduction of CO_2 to methanol on a molecular catalyst. Nature, 2019, 575: 639-642.

[21] Jiang Z, Xu X H, Ma Y H, et al. Filling metal-organic framework mesopores with TiO_2 for CO_2 photoreduction. Nature, 2020, 586: 549-554.

[22] Lide D R. CRC Handbook of Chemistry and Physics. Boca Raton: CRC Press, 2005.

[23] Guo X G, Fang G Z, Li G, et al. Direct, nonoxidative conversion of methane to ethylene, aromatics, and hydrogen. Science, 2014, 344: 616-619.

[24] Jin Z, Wang L, Zuidema E, et al. Hydrophobic zeolite modification for *in situ* peroxide formation in methane oxidation to methanol. Science, 2020, 367: 193-197.

[25] Liu Z Y, Huang E W, Orozco I, et al. Water-promoted interfacial pathways in methane oxidation to methanol on a CeO_2-Cu_2O catalyst. Science, 2020, 368:

513-517.

[26] 张天蓝，姜凤超 . 无机化学 . 北京：人民卫生出版社 , 2016.

[27] 李业梅，吴云，程亚梅 . 无机化学 . 武汉：华中科技大学出版社，2010：340-341.

[28] 知识分子 . 弗里茨・哈伯：养活了二十亿人的“化学战之父” . https://zhishifenzi.blog.caixin.com/archives/249815[2021-09-03].

[29] 王友绍，李季伦. 固氮酶催化机制及化学模拟生物固氮研究进展. 自然科学进展，2000，10(6): 481-490.

[30] Allen A D, Senoff C V. Nitrogenpentammineruthenuim(2) complexes. Chemical Communications (London), 1965, (24): 621-622.

[31] Yandulov D V, Schrock R R. Catalytic reduction of dinitrogen to ammonia at a single molybdenum center. Science, 2003, 301: 76-78.

[32] Ashida Y, Arashiba K, Nakajima K, et al. Molybdenum-catalysed ammonia production with samarium diiodide and alcohols or water. Nature, 2019, 568: 536-540.

[33] Wang P K, Chang F, Gao W B, et al. Breaking scaling relations to achieve low-temperature ammonia synthesis through LiH-mediated nitrogen transfer and hydrogenation. Nature Chemistry, 2017, 9: 64-70.

[34] Volpin M E, Shur V B, Kudryavtsev R V, et al. Amine formation in molecular nitrogen fixation-nitrogen insertion into transition metal-carbon bonds. Chemical Communications, 1968, (17): 1038-1040.

[35] Mori M. Synthesis of nitrogen heterocycles utilizing molecular nitrogen as a nitrogen source and attempt to use air instead of nitrogen gas. Heterocycles, 2009, 78: 281-318.

[36] Lv Z J, Wei J N, Zhang W X, et al. Direct transformation of dinitrogen: synthesis of N-containing organic compounds via N—C bond formation. National Science Review, 2020, 7: 1564-1583.

[37] McWilliams S F, Broere D L J, Halliday C J V, et al. Coupling dinitrogen and hydrocarbons through aryl migration. Nature, 2020, 584: 221-226.

[38] Song J Y, Liao Q, Hong X, et al. Conversion of dinitrogen into nitrile: cross-metathesis of N_2-derived molybdenum nitride with alkynes. Angewandte

Chemie, 2021, 60: 12242-12247.

[39] Lv Z J, Huang Z, Zhang W X, et al. Scandium-promoted direct conversion of dinitrogen into hydrazine derivatives via N—C bond formation. Journal of the American Chemical Society, 2019, 141: 8773-8777.

[40] Wang K, Deng Z H, Xie S J, et al. Synthesis of arylamines and *N*-heterocycles by direct catalytic nitrogenation using N_2. Nature Communications, 2021, 12: 248.

[41] He M Y, Sun Y H, Han B X. Green carbon science: efficient carbon resource processing, utilization, and recycling towards carbon neutrality. Angewandte Chemie International Edition, 2022, 61: e202112835.

[42] Huber G W, Iborra S, Corma A. Synthesis of transportation fuels from biomass: chemistry, catalysts, and engineering. Chemical Reviews, 2006, 106: 4044-4098.

[43] Yan N, Zhao C, Luo C, et al. One-step conversion of cellobiose to C_6-alcohols using a ruthenium nanocluster catalyst. Journal of the American Chemical Society, 2006, 128: 8714-8715.

[44] Luo C, Wang S, Liu H C. Cellulose conversion into polyols catalyzed by reversibly-formed acids and supported ruthenium clusters in hot water. Angewandte Chemie International Edition, 2007, 46: 7636-7639.

[45] Fukuoka A, Dhepe P L. Catalytic conversion of cellulose into sugar alcohols. Angewandte Chemie International Edition, 2006, 45: 5161-5163.

[46] Ji N, Zhang T, Zheng M Y, et al. Direct catalytic conversion of cellulose into ethylene glycol using nickel-promoted tungsten carbide catalysts. Angewandte Chemie International Edition, 2008, 47: 8510-8513.

[47] Wang Y L, Deng W P, Wang B J, et al. Chemical synthesis of lactic acid from cellulose catalysed by lead (Ⅱ) ions in water. Nature Communications, 2013, 4: 2141.

[48] Yang M, Qi H F, Liu F, et al. One-pot production of cellulosic ethanol via tandem catalysis over a multifunctional Mo/Pt/WO_x catalyst. Joule, 2019, 3: 1937-1948.

[49] Dai D M, Deng L, Guo Q X, et al. Hydrolysis of biomass by magnetic solid

acid. Energy & Environmental Science, 2011, 4: 3552-3557.

[50] Xia Q N, Chen Z J, Shao Y, et al. Direct hydrodeoxygenation of raw woody biomass into liquid alkanes. Nature Communications, 2016, 7: 11162.

[51] Li C Z, Zhao X C, Wang A Q, et al. Catalytic transformation of lignin for the production of chemicals and fuels. Chemical Reviews, 2015, 115: 11559-11624.

[52] Song Q, Wang F, Cai J Y, et al. Lignindepolymerization (LDP) in alcohol over nickel-based catalysts via a fragmentation-hydrogenolysis process. Energy & Environmental Science, 2013, 6: 994-1007.

[53] Rahimi A, Ulbrich A, Coon J J, et al. Formic-acid-induced depolymerization of oxidized lignin to aromatics. Nature, 2014, 515: 249-252.

[54] Wu X J, Fan X T, Xie S J, et al. Solar energy-driven lignin-first approach to full utilization of lignocellulosic biomass under mild conditions. Nature Catalysis, 2018, 1: 772-780.

[55] Jing Y X, Guo Y, Xia Q N, et al. Catalytic production of value-added chemicals and liquid fuels from lignocellulosic biomass. Chem, 2019, 5: 2520-2546.

[56] Deng W P, Yan L F, Wang B J, et al. Efficient catalysts for the green synthesis of adipic acid from biomass. Angewandte Chemie International Edition, 2021, 60: 4712-4719.

[57] Deng Y C, Gao R, Lin L L, et al. Solvent tunes the selectivity of hydrogenation reaction over α-MoC catalyst. Journal of the American Chemical Society, 2018, 140: 14481-14489.

[58] Li S P, Dong M H, Peng M, et al. Crystal-phase engineering of PdCu nanoalloys facilitates selective hydrodeoxygenation at room temperature. The Innovation, 2022, 3: 100189.

[59] Luo N C, Montini T, Zhang J, et al. Visible-light-driven coproduction of diesel precursors and hydrogen from lignocellulose-derived methylfurans. Nature Energy, 2019, 4: 575-584.

[60] Cha H G, Choi K S. Combined biomass valorization and hydrogen production in a photoelectrochemical cell. Nature Chemistry, 2015, 7: 328-333.

[61] 康强，曹晓宇，刘磊，等 . 合成化学的研究前沿和发展趋势 . 中国科学基金，2020，34：358-366.

[62] 余金权，丁奎岭 . C—H 键官能团化——化学的圣杯 . 化学学报，2015，73：1223-1224.

[63] 王长城，刘烽，施章杰 . 低碳烷烃均相转化研究进展 . 中国科学：化学，2020，50：756-765.

[64] Schwach P, Pan X L, Bao X H. Direct conversion of methane to value-added chemicals over heterogeneous catalysts: challenges and prospects. Chemical Reviews, 2017, 117: 8497-8520.

[65] Tang X X, Jia X Q, Huang Z. Challenges and opportunities for alkane functionalisation using molecular catalysts. Chemical Science, 2018, 9: 288-299.

[66] 赵梦迪，陆文军 . 普通烷烃 C—H 键的活化官能化 . 物理化学学报，2019，35：977-988.

[67] Shilov A E, Shul'pin G B. Activation of C—H bonds by metal complexes. Chemical Reviews, 1997, 97: 2879-2932.

[68] Sambiagio C, Schönbauer D, Blieck R, et al. A comprehensive overview of directing groups applied in metal-catalysed C—H functionalisation chemistry. Chemical Society Reviews, 2018, 47: 6603-6743.

[69] Chen H, Schlecht S, Semple T C, et al. Thermal, catalytic, regiospecific functionalization of alkanes. Science, 2000, 287: 1995-1997.

[70] Dobereiner G E, Crabtree R H. Dehydrogenation as a substrate-activating strategy in homogeneous transition-metal catalysis. Chemical Reviews, 2010, 110: 681-703.

[71] Haibach M C, Kundu S, Brookhart M, et al. Alkane metathesis by tandem alkane-dehydrogenation-olefin-metathesis catalysis and related chemistry. Accounts of Chemical Research, 2012, 45: 947-958.

[72] Tang X X, Jia X Q, Huang Z. Thermal, catalytic conversion of alkanes to linear aldehydes and linear amines. Journal of the American Chemical Society, 2018, 140: 4157-4163.

[73] Caballero A, Despagnet-Ayoub E, Díaz-Requejo M M, et al. Silver-catalyzed C—C bond formation between methane and ethyl diazoacetate in supercritical

CO_2. Science, 2011, 332: 835-838.

[74] Davies H M L, Liao K B. Dirhodium tetracarboxylates as catalysts for selective intermolecular C—H functionalization. Nature Reviews Chemistry, 2019, 3: 347-360.

[75] Wang F, Chen P H, Liu G S. Copper-catalyzed radical relay for asymmetric radical transformations. Accounts of Chemical Research, 2018, 51: 2036-2046.

[76] Zhang Z H, Dong X Y, Du X Y, et al. Copper-catalyzed enantioselective Sonogashira-type oxidative cross-coupling of unactivated $C(sp^3)$—H bonds with alkynes. Nature Communications, 2019, 10: 5689-5698.

[77] Hu A H, Guo J J, Pan H, et al. Selective functionalization of methane, ethane, and higher alkanes by cerium photocatalysis. Science, 2018, 361: 668-672.

第三章

能源化学与材料

第一节　高效催化产氢

氢气具有燃烧热值高、燃烧产物绿色无污染的优点，被视为21世纪最具发展潜力的清洁能源。氢气也是重要的化工原料，广泛应用于合成氨、加氢裂化、费-托合成、药物生产等工业过程。氢的来源广泛，可通过多种一次能源或二次能源制取。目前工业上95%的氢气使用化石能源制备[1]。其中，天然气制氢占据全球制氢市场一半的份额，通过甲烷水蒸气转化反应，在极高的温度（800～1000℃）和压力（1～3 MPa）下得到氢气[2]；煤制氢在我国的应用最为广泛，利用煤与水蒸气在高温下的反应实现氢的生产。化石能源制氢满足了化学工业和石油炼制工业对氢气的规模化需求，具有产量大、成本低的优势，但制氢过程消耗了人类社会近2%的一次能源，每年排放CO_2近8.3亿t，占全球碳排放量的2.5%[2]，制得的氢气又被称为“灰氢”。将化石能源制氢同碳捕集与封存工艺结合，有助于解决传统工业制氢高耗能、高碳排放的问题，从而制得“蓝氢”。在温和条件下，利用可再生能源制氢，从源头上降低化石能源消耗与碳排放，可以得到“绿氢”（图 3-1），如光伏-电催化制氢、风力发电-催化制氢等，既能够更好地储存、利用可再生能源，克服由风能、太阳能时空分布不均导致的“弃风”“弃光”问题，又能降低“绿氢”制备成本。

开发高效、低能耗、低碳排放、可持续的“绿氢”生产技术，受到学术界和工业界的广泛关注，其中高效的催化体系是实现“绿氢”规模化生产的关键。经过不懈努力，制氢催化剂的种类大大拓展，铂基贵金属催化剂展现出优异的活性与稳定性，铁、钴、镍等廉价金属催化剂突破了对贵金属的依赖，产氢活性可与贵金属催化剂媲美。催化剂组成、结构、比表面积、表面传质传能过程等重要的基础科学问题，被证明是提高催化产氢效率不可或缺的因素[3]。

自然界为构筑高效的产氢体系提供了借鉴。氢化酶是微生物体内氢气生产和应用的场所，蛋白质中心的金属硫簇是氢化酶的反应中心，蛋白质内氨基酸和多个铁硫簇构成质子和电子通道，辅助催化中心实现高效催化质子还原产氢，催化转化速率高达 6000～9000 s^{-1}，甚至优于工业应用的铂基催化剂[3]。光合作用为氢化酶提供电子与能量。在这一过程中，光系统能连续、有效地吸收光子，传递光生电子，把取之不尽、用之不竭的太阳能转化成氢能。

在过去半个世纪，研究者不断学习自然，超越自然，通过多种策略提高光催化产氢效率（图 3-1）。一是通过光催化剂的能带调控改善体系的吸光能力。例如，开发金属氧化物、金属氮化物、金属硫化物、g-C_3N_4 等具有适宜导价带位置的光催化剂，提高对

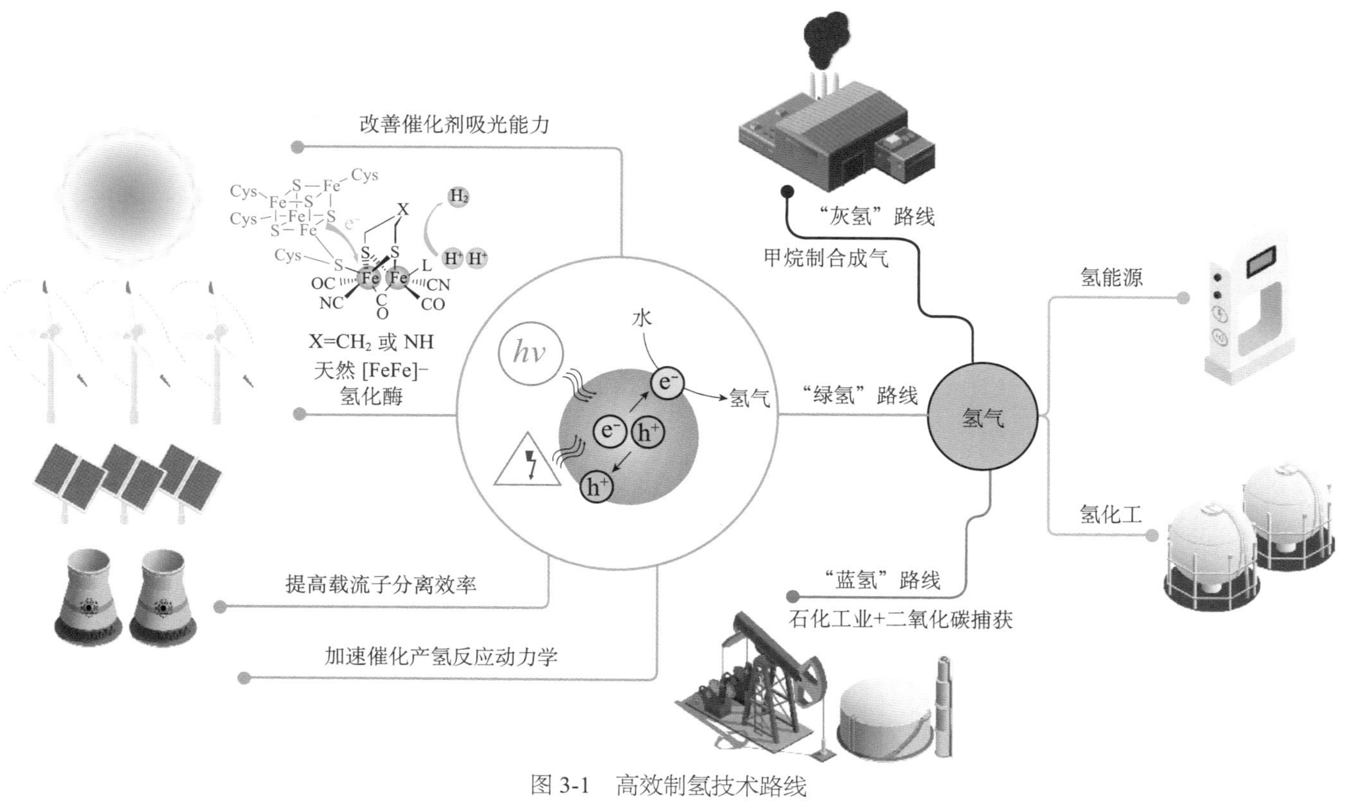

图 3-1　高效制氢技术路线

可见光的吸收效率；构建Z型结构，同时满足光催化剂对吸光能力与导价带位置的需求，大大拓展体系利用可见光（占太阳光谱的45%）乃至红外光（占太阳光谱的50%）实现催化产氢的能力[4]。二是提高光生载流子的分离效率，抑制光生载流子的复合。例如，构建异质结、晶面调控、引入表面极化电场[5]；使用助催化剂也能加速电子传递，提高光生电子的利用效率[6,7]；相比于电子传递，光生空穴传递是制约光催化体系效率与稳定性的瓶颈，目前常使用电子牺牲体改善空穴传递效率，但在未来的研究与应用中，应注意开发空穴传输材料和有价值的氧化反应，改善空穴利用效率[8]。三是加速催化产氢反应动力学研究。水是地球上含量最丰富的含氢化合物，是最理想、最绿色的氢源，富含碳—氢、氧—氢、氮—氢、硫—氢键的有机底物和生物质也能为"绿氢"的制备提供廉价、高效的资源分子平台。

"绿氢"制备效率的不断提高、成本的不断降低将为其工业应用铺平道路。为此，需要从基础研究、应用研究、人才培养三个方面推动"绿氢"从实验室走向大规模实际应用。

在基础研究方面，一是要借鉴生物体质子还原产氢过程，特别是独特的反应微环境、持续的自我修复能力，改善催化产氢体系的稳定性；二是要通过共价作用、非共价作用、限域作用加速电子向产氢催化中心的连续注入；三是由于催化制氢常常涉及能量传递、电荷转移、物质传输、催化反应的多个过程，跨越一系列时间尺度，关联催化剂的结构变化、价态变化、表界面过程、催化剂与环境的作用，因此需要通过稳态和时间分辨技术，特别是应用原位表征手段研究相关过程的动力学、催化剂的状态与工作机理，从而指导高效产氢体系的设计与优化[9]。

在应用研究方面，拓展"绿氢"制备规模，解决"绿氢"制备中的工程性问题，开拓“绿氢”在能源与化工生产中的应用，具有重要的现实意义。Fujishima 和 Honda 早在 1972 年就发现二氧化钛能够在紫外光照射下分解水产氢，其太阳能转化为氢能的效率为 0.1%[10]。Domen 课题组构建了 100 m^2 的光催化分解水阵列，其以 0.76% 的光-氢转化效率在户外条件下连续工作了数月[11]。从概念验证走向工业生产，氢的应用需要面对泄漏、燃爆等安全风险，氢燃料电池与氢化反应对氢气的纯度也有较高要求。因此，要注意“绿氢”生产、储存、分离装置的设计集成，加强安全性设计，有效预防监测氢气泄漏。“绿氢”的规模化生产将为合成氨、氢化反应等重要的工业过程带来变革，降低污染、能耗与碳排放，实现有机燃料、肥料与高价值精细化学品的清洁生产。

在人才培养方面，“绿氢”的研究与应用涉及物理学、化学、材料科学、工程学等多个学科，具有突出的科学价值、工程价值与社会经济价值。因此需要注重科学研究、工程技术、管理科学的人才队伍建设，特别是交叉学科人才培育。这些努力将助力我们从 20 世纪以化石燃料为基础的能源与化工体系，迈向 21 世纪以氢为基础的绿色能源化工体系，为实现“碳达峰”“碳中和”的目标做出贡献。

第二节　迈向技术产业化的聚合物 / 有机光伏电池

作为一种以共轭高分子或小分子为光伏活性材料的光电器件，聚合物 / 有机光伏（organic photovoltaic，OPV）电池具有重量轻、制作工艺简单、可通过廉价的印刷工艺制备大面积柔性面板等突出优点，受到国内外的广泛关注。1958 年，Kearns 等发现了有机材料中的光伏效应，但受限于器件制备技术，当时仅观察到光伏效应的现象[12]；直至 1995 年，美国 Heeger 等发明了可通过简单溶液法制备的本体异质结型器件结构[13]，有机光伏技术才作为一种清洁能源技术走入人们视野并开始得到重视。

在几十年的发展历程中，有机光伏领域围绕由技术产业化所必需的“黄金三角”［即光伏效率（又称光电转换效率，PCE）、电池寿命和制备成本］开展研究，取得了长足进步。此外，立足有机光伏材料的特点，发展其他光伏技术不可替代的新功能或独特性能，也是该方向的研究重点之一。因此，有机光伏研究方向的关键问题可通过图 3-2 予以概括，即：立足技术独特性，提高光伏效率和电池寿命，降低制备成本，推动技术产业化进程。基于关键材料和电池制备方法，有机光伏方向围绕上述问题在过去五年内取得了快速发展，但同样也面临进一步的挑战。

一、发展趋势及挑战

（一）光伏效率

光伏效率是评价光伏电池的最关键技术指标之一，新型有机光伏材料的研制是推动有机光伏电池光伏效率提升的原动力。2009 年之前，有机光伏材料以共轭聚合物电子给体和富勒烯电子受体为主，有机光伏电池光伏效率的最高结果由国外研究机构保持。2010～2015 年，我国有机光伏研究进展迅速，以华南理工大学黄飞、曹镛等设计的界面材料 PFN_x 和中国科学院化学研究所李永舫、侯剑辉等发展的侧基共轭苯并二噻吩（BDT）类聚合物为

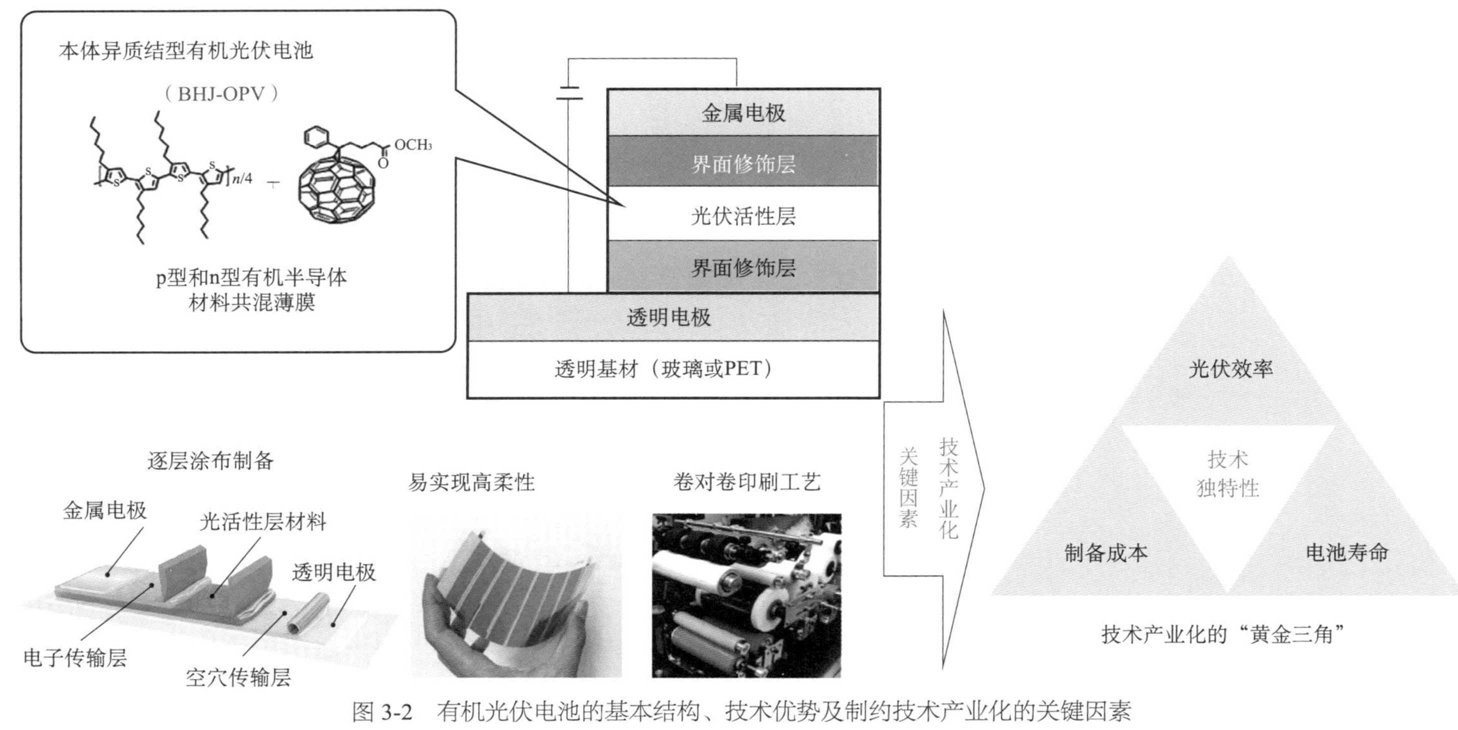

图 3-2 有机光伏电池的基本结构、技术优势及制约技术产业化的关键因素

代表，新材料将光伏效率推进至10%以上，我国在光伏效率方面进入“并跑”阶段。2015年，北京大学占肖卫等研制的非富勒烯受体材料ITIC① 推动有机光伏方向进入“非富勒烯时代”[14]；基于BDT类聚合物给体和ITIC类受体，侯剑辉等将有机光伏电池的光伏效率提高至14%的水平[15]。2019年，中南大学邹应萍等发明了新一代非富勒烯受体Y6[16]，领域内的其他研究人员对Y6进行了优化设计，将光伏效率提高至19%的水平[17]。叠层电池可以实现更高的光伏效率，但制备难度高，对器件制备工艺提出了巨大考验。目前，我国在叠层有机光伏电池方面也大幅领先于其他国家，率先实现了非富勒烯型叠层有机光伏电池的光伏效率突破[18]，目前已经实现接近20%的光伏效率[19]。图3-3中总结了2016～2021年有机光伏电池光伏效率的同期世界最高结果[15,16,20-26]。这些结果都是由我国科研工作者所公开报道的。目前，有机光伏电池光伏效率正在迈向20%以上的水平，与其他成熟光伏技术之间的差距越来越小；研制下一代光伏材料和器件结构，将是推动光伏效率进一步提升的关键。

（二）电池寿命

针对消费型电子产品应用，光伏电池的寿命至少要达到3～5年的水平；针对其他应用，如建筑－光伏功能一体化和光伏电站，电池寿命要达到10年以上。受限于有机材料易发生降解的特性，有机光伏电池在寿命方面始终面临挑战或质疑。虽然早期的一些研究表明[27]有机光伏电池可以具有5年以上的寿命，但是有机光伏电池普遍面临“高效率、短寿命”的尴尬问题。针对有机

① ITIC指2,2'-[[6,6,12,12-四(4-己基苯基)-6,12-二氢二噻吩[2,3-*d*:2',3'-*d*']-*s*-引达省并二噻吩-2,8-二基]双[甲基亚基(3-氧代-1*H*-茚-2,1(3*H*)-二亚甲基)]]二丙二腈。

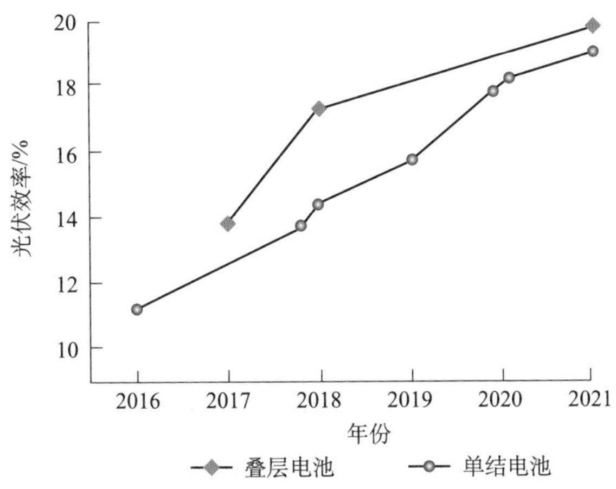

图 3-3　2016～2021 年有机光伏电池光伏效率的发展过程

材料聚集态结构稳定性问题，李永舫等提出了“将小分子受体高分子化”的新方法，制备了聚合物受体材料，实现了具有优良聚集态结构稳定性的全聚合物有机光伏电池[28]；侯剑辉等研制了新型磺酸内盐修饰的萘酰亚胺界面材料，在实际工况下，获得了接近 2000 h 的电池寿命，如图 3-4 所示[29]。尽管近年来有机光伏电池寿命研究进展迅速，但仍有待进一步的提升。提高电池功能层的界面稳定性和有机光伏材料的本征稳定性，大幅提升电池对水、氧、紫外光、热的抵抗能力，将是有机光伏研究的主要任务之一；此外，有机光伏电池寿命欠缺通用的测试标准，这也是亟待解决的另一问题。

（三）制备成本

有机光伏电池是一种对制备成本相对敏感的器件。降低有机光伏电池制备成本的途径主要包括两部分——降低关键材料合成难度、发展低成本的电池制备工艺。前述的高效率有机光伏电池中涉及的关键材料成本高昂，相应的器件制备方法难以与大面积制备兼容，导致技术产业化发展受限。随着光伏效率的提升，成本问

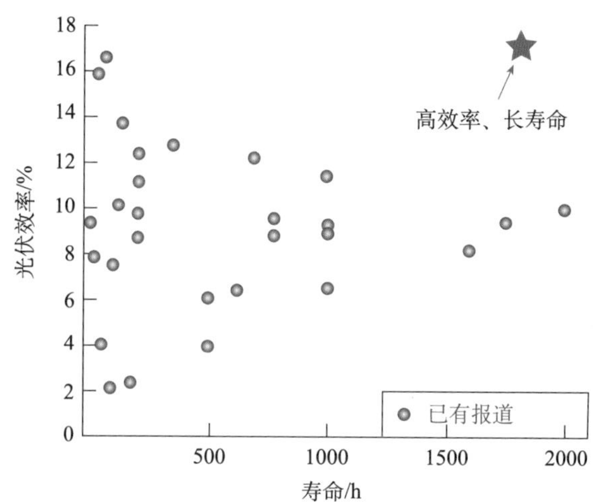

图 3-4 持续模拟太阳光照射下，有机光伏电池的光伏效率与寿命
图中红色五角星数据兼具长寿命和高效率

题在近年来得到了我国科研人员的普遍关注，并取得了较为迅速的进展。例如，针对电子给体材料，发展了以喹喔啉噻吩聚合物PTQ-10[30]和噻吩乙烯类聚合物PTVT-T[31]为代表的结构简单、易制备的新型聚合物；针对受体材料，研制了一系列具有非稠合共轭结构的低成本、新型非富勒烯受体[32, 33]；针对大面积涂布工艺，我国多个研究团队发展了与卷对卷工艺兼容的涂布技术；等等。在未来，及时将来自多个研究团队的低成本新材料和大面积制备工艺进行整合，将会加速解决成本问题。

（四）技术独特性

作为一种新型光伏器件，有机光伏电池不仅面临来自已有成熟光伏器件（如晶硅电池）的竞争，而且也面临其他新型光伏器件的挑战（如钙钛矿光伏电池）。立足有机材料的独特优势，实现其他光伏电池无法替代的功能或性能，将对提升有机光伏技术竞争力具有重要意义。近年来，我国研究人员针对提升有机光伏技术独特性开展了大量探索。例如，多个研究团队报道了半透明型有机光伏电池，华南理工大学的叶轩立等进一步展示了半透明有机光伏电池在近红外反射及隔热功能方面的优势[34]；如图 3-5 所示，侯剑辉等展示了有机光伏电池在室内照明光高效转化为电能及其在物联网微电子产品中应用的价值，并且实现了有机光伏电池与深红-近红外有机发光二极管（organic light-emitting diode，OLED）的技术整合[35]。当前，关于挖掘有机光伏电池独特性的探索性研究引起了广泛兴趣。这些独特功能大多是其他光伏技术所无法提供的，相关的成果不仅将为有机光伏电池提供更大的技术竞争力，而且为有机光电领域中的其他研究方向提供重要借鉴。

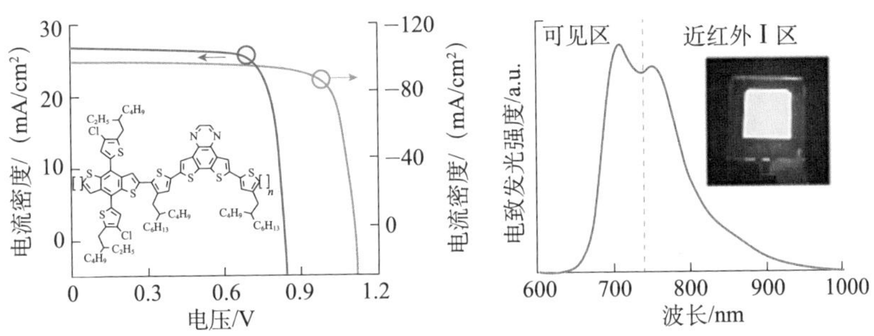

图 3-5 太阳光、室内光下兼具高效率，且具有 OLED 功能的有机光伏电池

二、展望与总结

2000 年左右，我国研究机构开始涉足有机光伏方向研究；至今，在有机光伏电池的关键材料和器件制备工艺方面，我国已经实现由“跟跑”到“并跑”再到“领跑”的转变。这些成果对推动有机光伏技术走向产业化具有重要意义。未来，前述四个关键问题能否得到进一步的妥善解决，仍将是有机光伏方向面临的关键问题。例如，目前高效率有机光伏材料的潜力已经得到较充分的体现，进一步提升效率，必须发展具有更低能量损耗的新材料

和器件结构；目前我国科研人员取得的突破主要体现在单项指标或特征方面，而未来的有机光伏电池必须协同满足前述的四个关键因素，因此在整合多个研究团队的优势的基础上开展更加深入的合作将具有重要意义。总体而言，根据有机光伏方向的发展趋势和当前取得的各项亮点技术指标判断，未来 5 年将是有机光伏技术由实验室走向产业化的关键时期，以技术产业化进程中面临的问题为牵引，创造性地提出分子设计策略、基本原理及器件结构，系统研究大面积制备技术，将是有机光伏方向的研究重点。

第三节　非锂电池

能源是人类社会发展的根本推动力。自第二次工业革命以来，电能逐渐成为人类生产生活中主要的能源类型，其广泛应用极大地促进了储能技术与储能设备的发展。自 1860 年铅酸电池商业化以来，人们对高能量密度电池的追求推动了包括锌锰电池、镍镉电池、镍氢电池在内的一系列储能电池的开发与商业化进程。20 世纪 90 年代初，IT 行业及便携式电子设备的迅猛发展促使具有高能量密度的锂离子电池大规模兴起。截至 2019 年，锂离子电池的市场份额约占二次电池市场的 27%[36]，并呈大幅增长态势。近年来，电动汽车行业的蓬勃发展使得市场对于二次储能电池的需求呈现爆炸式增长。预计到 2030 年，二次电池全球市场将从 2019 年的 600 GW·h 增长至 1500 GW·h[37]。同时，太阳能、风能等间歇性绿色可再生能源的开发与利用，对大规模储能电池的需求量也迅猛增长，且在安全性与成本等方面也提出了更高的要求。然而，锂资源在地壳中的储量仅为 0.0065%，且在全球范围内分布不均，导致电池级锂盐的价格逐年攀升（目前电池用碳酸锂价格约为 11 美元 /kg）[38,39]，锂离子电池成本水涨船高。由此可见，由于锂资源的短缺，商业化锂离子电池难以满足电动汽车行业及大规模储能领域与日俱增的市场需求。因此，开发能量密度高、循环寿命长、安全性高、成本低廉的无锂二次电池作为未来储能体系对我国经济社会可持续发展具有重要的经济与战略意义。

与锂离子电池工作原理相似的钠离子电池，以其成本低廉、安全性良好及循环寿命长等优势被视为最具潜力的无锂二次电池之一。作为与锂同主族的碱金属元素，钠在地壳中的丰度约为 2.74%，远高于锂在地壳中的丰度[40]。因此，电池级钠盐的价格也远低于锂盐的价格（电池用碳酸钠价格约为 0.5 美元 /kg）[36]。此外，钠和铝集流体之间不会产生合金效应，采用铝替代铜作为钠离子电池负极集流体能够大幅降低电池的生产成本。由此可见，钠离子电池的成本优势是推动其商业化的重要因素。此外，相比于锂离子，钠离子的路易斯酸（Lewis acid）的酸性更弱，在有机电解质中的斯托克斯半径更小[41]，从而具有更高的动力学性能。然而，去溶剂化的钠离子半径远大于锂离子半径，寻找适合钠离子嵌入的电极材料是该研究领域的首要目标。20 世纪 80 年代初，Delmas 等首次报道了层状金属氧化物材料作为钠离子电池正极材料的可行性[42]。然而，受到当时锂离子电池商业化快速发展的影响，该阶段钠离子电池的研究进展几乎停滞。直至 2001 年，Stevens 和 Dahn 报道了适合钠离子嵌入脱出的负极材料——硬碳[43]，人们才重新开始审视钠离子电池作为商业化二次电池的可能性。此后，寻找适合钠离子存储的正极材料成为该领域的研究热点。目前，层状金属氧化物、聚阴离子化合物和普鲁士蓝类似物是三类主要的钠离子电池正

极材料 [图 3-6(a)]。其中，层状金属氧化物类材料展现出较高的比容量，但结构稳定性较差，材料的循环寿命不甚理想。与层状材料不同，聚阴离子化合物类正极材料凭借其固有的刚性骨架通常展现出良好的循环稳定性，但该类材料较大的分子量和较低的电导率大大降低了电池的能量密度及倍率性能。普鲁士蓝类似物正极材料通常具有良好的工作电压和倍率性能，但在循环过程中形成的空位会降低材料的电导率。此外，该类材料的高温稳定性也是其商业化过程中需要考虑的重要问题。2015 年，英国法拉第（Faradion）公司率先将钠离子电池商业化。2016 年，该公司已经能够实现基于 $Na_{1.1}Ni_{0.3}Mn_{0.5}Mg_{0.05}Ti_{0.05}O_2$ 层状正极和硬碳负极的 1～5 A·h 钠离子软包电池的生产[44]。法国 Tiamat 公司则沿用 2015 年开发的 18650 型圆柱钠离子电池技术，以 $Na_3V_2(PO_4)_2F_3$ 聚阴离子复合材料为正极、硬碳为负极构建了功率密度为 2～5 kW·h/kg 的圆柱形钠离子电池[45, 46]。美国诺瓦斯能源（Novasis Energies）公司则以普鲁士蓝类似物作为正极材料，成功开发了能量密度为 100～130 W·h/kg 的钠离子电池[47]。我国在钠离子电池的产业化方面也走在世界的前列，中科海钠科技责任有限公司致力于基于层状正极钠离子电池的开发，于 2019 年实现了全球首座 100kW·h 钠离子电池储能电站的建设与运行[48]。2021 年，中国宁德时代新能源科技股份有限公司发布了以普鲁士白为正极、硬碳为负极的新型钠离子电池，单体能量密度高达 160W·h/kg[49]，是商业化钠离子电池性能的又一大突破。综上所述，钠离子电池具有广阔的发展前景及商业化价值，但优化电极材料及电池制备工艺，从而进一步提高体系能量密度、降低成本以满足市场需求仍有很长的路需要走。除钠离子电池外，钾离子电池近年来也受到了广泛关注。相比于钠离子电池，钾离子电池具有更高的理论工作电压，且钾元素在地壳中的储量丰富

（2.47%）[50]。因此，钾离子电池也是极具开发潜力的无锂二次储能电池体系。然而，目前针对钾离子电池体系的研究尚处于起步阶段，正、负极材料的开发仍充满挑战。

对于商业化二次电池而言，在充分考虑体系质量能量密度的同时，也应注重电池体积能量密度的提升。基于多价态金属离子（如 Mg^{2+}、Ca^{2+}、Zn^{2+}、Al^{3+}）的二次电池体系能够在单一氧化还原过程中实现多电子的转移，从而获得比碱金属离子二次电池更高的体积能量密度。同时，得益于镁、钙、锌、铝等多价金属元素在地壳中丰富的储量，该类多价态金属离子二次电池的成本比锂离子电池更低廉，因此该类电池也可作为无锂电池的一个重要组成部分。然而，多价态金属离子二次电池仍面临诸多挑战：①缺乏适合的电解液，以实现多价态金属离子电池的稳定循环；②由于多价态金属离子与电极材料间有较强的静电相互作用，目前仍缺少适合的正极材料来满足多价态金属离子的可逆脱嵌；③负极表面腐蚀情况严重，大大降低了电池的电化学性能。在上述多价态金属离子二次电池中，由于锌具有较高的标准电极电势（−0.763 V *vs.* SHE）[51]，锌离子电池更适合在安全性高、离子传导速率快的水系电解质体系中工作，在保证电池体系安全性的前提下实现电池更高的功率密度 [图 3-6(b)]。同时，除原料成本较低之外，锌离子电池各组分的稳定性受空气和水分的影响很小，其制造成本也低于其他基于有机电解质的电池体系。锌电极的使用最早可以追溯至伏打电堆的发明，并在此后被应用于各类电池体系 [图 3-6(c)]。其中，碱性 Zn-MnO_2 一次电池以其较高的能量密度被广泛应用于日常生产生活中。然而，MnO_2 正极不可逆的副反应致使该体系无法实现可逆充放电。1986 年，Yamanoto 利用中性的 $ZnSO_4$ 电解液首次实现了 Zn-MnO_2 电池的可逆循环，成功构建

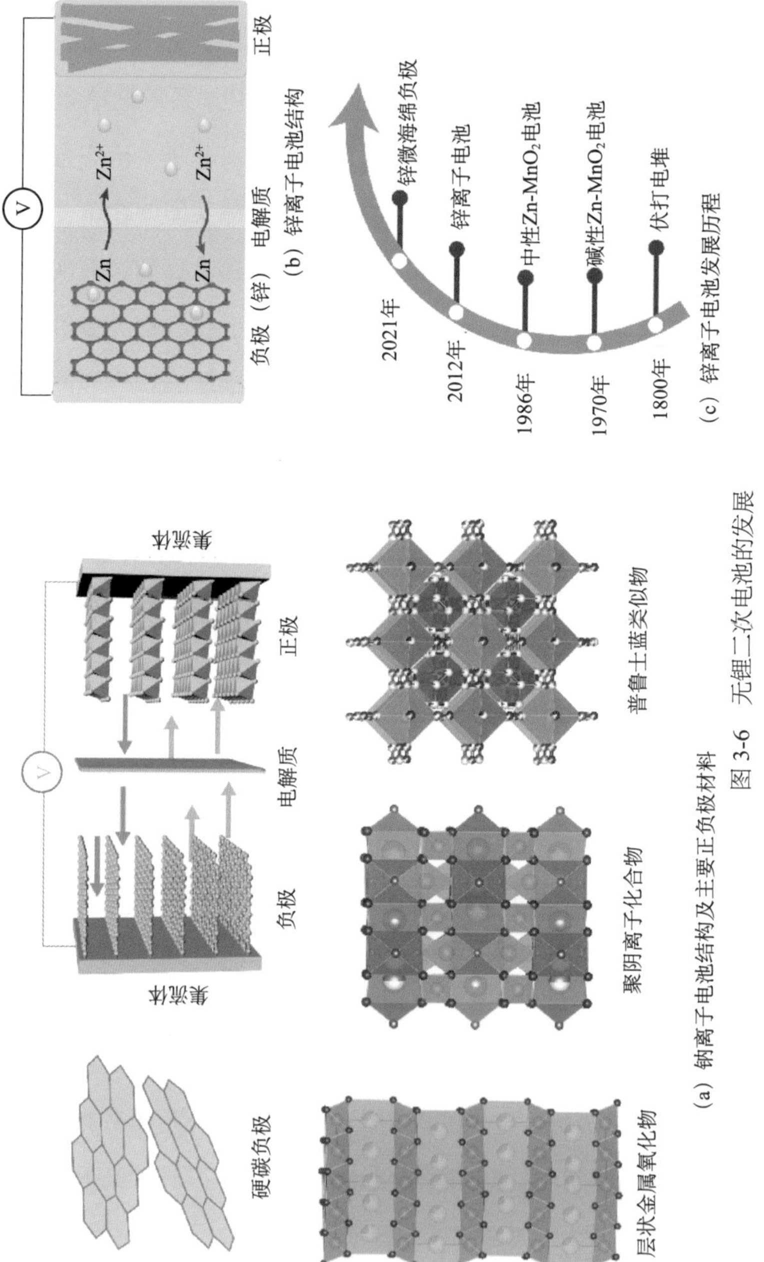

（a）钠离子电池结构及主要正负极材料

（b）锌离子电池结构

（c）锌离子电池发展历程

图 3-6　无锂二次电池的发展

了基于锌电极的二次电池[52]。2012 年，清华大学康飞宇教授课题组发现并阐明了锌离子在 MnO_2 正极材料中的嵌入 / 脱出反应机制，并提出了水系锌离子电池体系[53]。自此，针对锌离子存储材料及其储能机理的研究引起迅速关注。此外，金属锌负极表面腐蚀及枝晶生长也成为该领域的研究热点。针对这一问题，美国恩锌（EnZinc）公司于 2021 年开发了首款可充电三维锌微海绵负极，能够有效抑制充放电过程中锌枝晶的生长，进一步推动了锌离子电池的商业化进程。尽管目前还没有成熟的水系锌离子电池生产线，但锌离子电池在未来二次储能市场中具有极强的竞争力。

综上所述，新型无锂二次电池（钠离子电池、钾离子电池、镁离子电池、钙离子电池、锌离子电池、铝离子电池等）具有生产成本低廉、体积能量密度高、功率密度高等优势，在电动汽车及大规模储能领域具有广阔的市场应用前景。尽管该类电池体系的电化学性能还有待进一步提高，但作为现有商业化锂离子电池的补充能源，该类电池体系对实现可再生能源存储、优化产业结构均具有重要意义。为了真正达到补充或替代锂电池的目的，有些共性科学问题和研究方向值得关注：①电解液稳定性和电极材料的匹配问题，寻找或研发能在高电压、高温和长期循环条件下保持稳定的电解液是关键；②电极材料开发，针对多价态金属离子，需要研发具有高容量、高稳定性和高导电性的新型电极材料；③负极腐蚀与枝晶生长抑制，开发有效的电极结构或涂层技术以减缓或防止负极腐蚀和枝晶生长；④电池管理系统的优化，研究更精确的电池状态监测和预测模型，以提高电池安全性和使用寿命；⑤可持续性和回收策略，从环境和经济角度评估新型电池材料的可持续性，并研究高效的回收和再利用方法。

随着这些新型无锂二次电池在市场上的推广，如何有效地将它们集成到现有的电网和电动车中，并解决它们的回收和评估它们对环境的影响等问题也变得至关重要。只有通过这些问题的系统解决，新型无锂二次电池才能够更好地补充或甚至替代当前的锂离子电池，助推我们进入一个更加绿色、可持续的能源时代。

第四节　有机热电材料与器件

21 世纪以来，能源和环境问题日益凸显，成为人类社会共同面临的重大挑战，发展绿色能源是应对该挑战的重要研究方向。从能量利用效率角度考虑，世界能源的现有利用效率总体不足 40%，剩余的能量主要以热量形式散失，各种废弃的热能超过 10^4 TW，仅人体向环境中释放的热能总量就超过 300 GW[54]。从能量结构考虑，太阳能可提供规模巨大的热能，将在未来十年发展成为清洁能源的重要来源之一。从应用需求的趋势考虑，伴随着 AI、健康监测与物联网等新兴领域的迅猛发展，发展可贴附、分散式、低功率的发电器件成为新能源领域的前沿方向，环境热甚至人体热的利用正在孕育新的能源产业。另一方面，目前全世界制冷的耗电量超过 6000 TW·h，消耗了全球 20% 以上的电能[55]。这些社会发展趋势表明，热能高效应用和高效电致制冷必将在未来能源领域扮演越来越重要的角色。

热电材料可以实现热能和电能的相互转换，利用同一类材料满足发电与制冷两大需求，被多个国家列入重点发展的基础前沿方向，也是我国面临的重大科学难题之一。有机热电材料依赖分子间弱相互作用聚集，柔韧性好、晶格热导率低，可印制加工，在室温微温差发电与超薄薄膜制冷方面优势突出，有望成为柔性可穿戴电子系统的主要供能器件之一，催生新兴产业链。基于此，有机热电材料被热电领域发展路线图列入核心材料，成为有机电子学与能源领域交叉的研究新前沿。美国科学院发布的《材料研究前沿：十年调查》明确将有机热电材料列入未来能源的重点突破方向；欧盟委员会在《面向未来的 100 项重大创新突破》中确立热电材料是有望产生重大影响的颠覆性材料；中国科学技术协会也在 2018 年将相关高性能热电材料列入我国面临的 60 个重大科学问题和工程技术难题之一。

尽管有机热电近十余年才开始得到关注，但它并不是全新的研究方向。半个世纪以前，人们开始利用塞贝克效应研究分子晶体电荷输运的关键科学问题，我国科学家也作出了重要贡献。例如，中国科学院化学研究所的朱道本院士与德国施魏策尔（D. Schweitzer）教授等在 1986 年研究了双（乙二硫代）四硫富瓦烯溴化碘 [$(BEDT\text{-}TTF)_2BrI_2$] 的电学性质[56]，阐明了该类材料的双极性输运行为。这些早期研究为有机热电的后续发展奠定了基础。有机热电领域的广泛关注和快速发展得益于聚合物聚 3,4−乙烯二氧噻吩（PEDOT）和乙烯基四硫醇镍的金属配位聚合物 {poly[K_x(Ni-ett)]} 的性能突破。2002 年，韩国高丽大学的科学家研究了溶剂对 p 型 PEDOT 薄膜电导率和塞贝克系数的影响，属于早期研究该体系热电性能的工作[57]。2011 年，瑞典林雪平大学泽维尔 · 克里斯平（Xavier Crispin）教授等提出精细分子掺杂策略，将聚 (3,4−乙烯二氧噻吩) 甲苯磺酸酯（PEDOT:Tos）薄膜 *ZT* 值提高到 0.25[58]。同期，朱道本院士团队首次报道了乙烯基四硫醇的金属配合物热电材料，先后提出金属配位调控和结晶度调控策略，推动 n 型材料的 *ZT* 值先后突破 0.2 和 0.3[59, 60]。

窄带隙半导体分子是实现高效热电转换的理想体系。2013 年以来，人们开始将高迁移率的有机半导体引入有机热电材料体系。通过将传统的“电子晶体–声子玻璃”热电模型与共轭分子材料电荷传输机制相结合，人们在高性能半导体分子设计与筛选、分子体系的精准可控掺杂、结构–性能关系与机制、离子型热电材料、材料复合与杂化、多参数测量方法学、多功能器件构建与集成等方面开展了一系列研究。例如，中国科学院化学研究所朱道本院士团队结合电场调控掺杂发现了一系列 n 型和 p 型有机半导体热电分子骨架[61-63]；北京大学裴坚教授和南方科技大学郭旭岗教授分别在掺杂剂分子设计和过渡金属催化辅助的分子掺杂方法方面取得了重要进展[64, 65]；瑞典林雪平大学泽维尔·克里斯平提出了有机体系离子热电转换的评价方法与模型分子体系。基于这些研究进展，p 型和 n 型有机半导体的 ZT 值均提升至 0.2 以上，和传统导电聚合物热电材料的性能相当。这些研究逐步推动有机热电材料步入快速发展的新阶段，构成有机热电领域发展的基本现状。

ZT 值（$ZT=\frac{S^2\sigma T}{\kappa}$，其中，$S$ 为塞贝克系数，σ 为电导率，κ 为热导率）是热电性能的核心指标，直接决定了热电能量转换的效率。理想的热电材料应具备高 σ、高 S 和低 κ（图 3-7），而这些参数和电荷传输、声子散射与电子耦合等物理过程密切相关，且彼此之间相互制约，只有精细平衡三大参数才能实现性能的最优化。从分子聚集态结构角度考虑，高性能有机热电材料应兼备有序体系中的电荷传输能力与无序体系的声子散射特征，进而需要发展近乎矛盾的“电子晶体–声子玻璃”分子组装体系（图 3-8）。目前，有机热电材料研究主要是从电荷传输角度发展高电导率和高塞贝克系数的分子设计策略。这一思路可以推动领域的起步，但是晶格热导率的考虑不足导致人们对热电导向的分子组装方式与

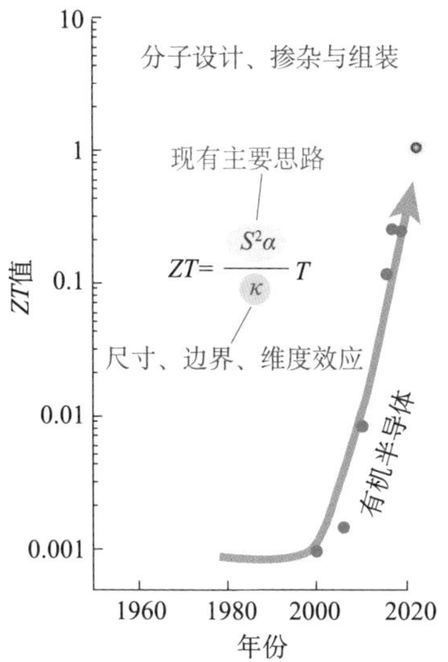

图 3-7 有机热电材料的发展概况

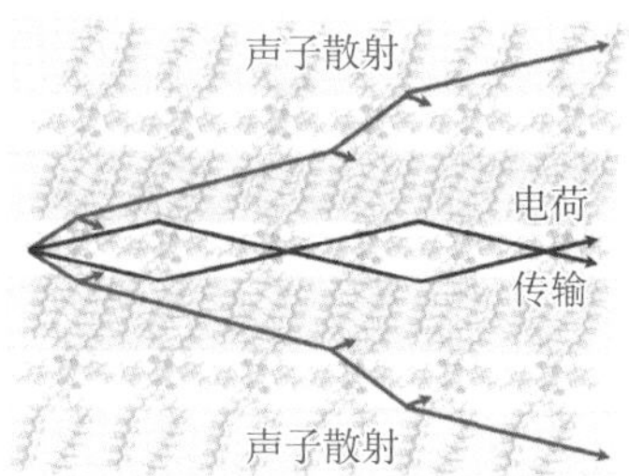

图 3-8 有机热电材料“电子晶体-声子玻璃”模型组装体及关键过程示意图

掺杂调控策略缺乏系统理解，无法接近有机体系的本征性能极限，限制了有机热电材料的进一步突破。

作为新兴前沿方向，有机热电在材料、机制和器件的很多方面还缺乏系统的认知。展望未来，有机热电材料研究将呈现两大发展趋势：一方面，以精准的分子设计为核心，结合高时空分辨的结构表征和复合过程的解耦合调控，将有机体系的室温区 *ZT* 值提升至 0.5～1 及以上，满足微温差发电、超薄膜热电制冷和自供电多功能传感的应用需求；另一方面，融合凝聚态物理的新理念创新热电分子的设计思想，从超晶格和拓扑边界态等角度探索新原理与新相态的有机热电材料。基于此，有机热电材料化学研究在未来5～10年的主要机遇包括四个方面：一是围绕有机热电转换过程的微尺度效应、边界散射机制和维度调控理念，发展共轭分子骨架与侧链协同调控方法；二是在原子尺度和电子态层次实现高迁移率共轭分子的可控、稳定和高效掺杂，特别是发展AI辅助的分子掺杂方法；三是明晰范德瓦耳斯力主导的弱作用分子体系在电荷传输和声子散射等方面的耦合关系与解耦合调控策略；四是融合晶格、自旋、轨道和电荷的调控（图3-9），揭示有机热电材料的新机制与新效应，特别是磁热电效应与自旋热电效应等。

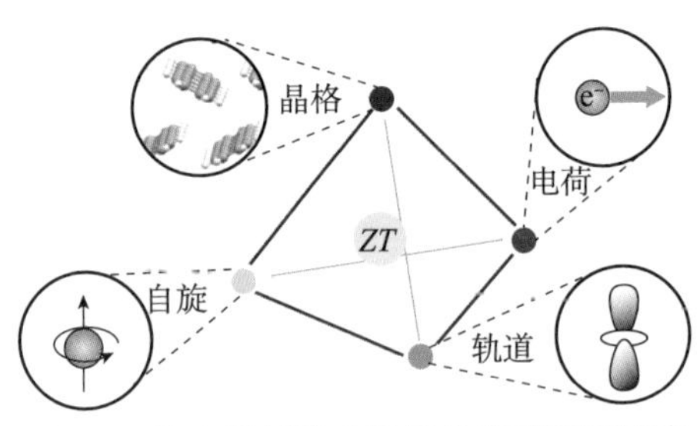

图3-9　热电材料核心性能的关键影响因素

中国的有机热电材料研究起源于20世纪80年代，并在过去十年中发展迅猛，特别在n型分子设计、分子掺杂方法、热电器件构筑方面一直处于领先地位，成为我国在有机光电材料领域的另一优势方向。在有机热电材料即将取得重大突破的关键时期，应以发展标志性分子体系、形成通用理论认知、制定性能测试标准和展示独特应用为目标，探索电子高效传输与声子可控散射在分子层次上的解耦合这一挑战性科学问题。建议重点开展以下研究：从原子构成、电子态和量子态层次系统明晰分子的精准可控掺杂机制；结合分子内/间多重弱相互作用调控探索类超晶格构建的分子组装方法学；建立有机热电材料的理论模拟方法和性能参数标准化测量技术；揭示有机材料离子-电子耦合的热电效应并探索其仿生功能化应用；解决分子弱相互作用带来的稳定性和大面积制备难题，利用界面调控策略制备高效热电制冷器件，发展器件的大面积印制与集成技术。我们坚信，有机热电材料将同无机热电材料并肩发展，开辟废弃热能高效利用和固态制冷的新路径，带动分散式绿色能源利用的变革和突破。

本章参考文献

[1] Megía P J, Vizcaíno A J, Calles J A, et al. Hydrogen production technologies: from fossil fuels toward renewable sources. A mini review. Energy & Fuels, 2021, 35(20): 16403-16415.

[2] Armaroli N, Balzani V. The hydrogen issue. ChemSusChem, 2011, 4(1): 21-36.

[3] Luo Y T, Zhang Z Y, Chhowalla M, et al. Recent advances in design of electrocatalysts for high-current-density water splitting. Advanced Materials, 2022, 34(16): e2108133.

[4] Chen S S, Takata T, Domen K. Particulate photocatalysts for overall water splitting. Nature Reviews Materials, 2017, 2: 17050.

[5] Tao X P, Zhao Y, Wang S Y, et al. Recent advances and perspectives for solar-driven water splitting using particulate photocatalysts. Chemical Society Reviews, 2022, 51: 3561-3608.

[6] Li Z J, Li X B, Wang J J, et al. "Artificial catalyst" *in situ* formed from CdTe QDs and inorganic cobalt salts for photocatalytic hydrogen evolution. Energy & Environmental Science, 2013, 6(2): 465-469.

[7] Wang F, Wang W G, Wang X J, et al. A highly efficient photocatalytic system for hydrogen production by a robust hydrogenase mimic in an aqueous solution. Angewandte Chemie International Edition, 2011, 50(14): 3193-3197.

[8] Rahman M Z, Edvinsson T, Gascon J. Hole utilization in solar hydrogen

production. Nature Reviews Chemistry, 2022, 6: 243-258.

[9] Meng S L, Ye C, Li X B, et al. Photochemistry journey to multielectron and multiproton chemical transformation. Journal of the American Chemical Society, 2022, 144(36): 16219-16231.

[10] Fujishima A, Honda K. Electrochemical photolysis of water at a semiconductor electrode. Nature, 1972, 238(5358): 37-38.

[11] Nishiyama H, Yamada T, Nakabayashi M, et al. Photocatalytic solar hydrogen production from water on a 100 m^2 scale. Nature, 2021, 598: 304-307.

[12] Kearns D, Calvin M. Photovoltaic effect and photoconductivity in laminated organic systems. The Journal of Chemical Physics, 1958, 29(4): 950-951.

[13] Yu G, Gao J, Hummelen J C, et al. Polymer photovoltaic cells: enhanced efficiencies via a network of internal donor-acceptor heterojunctions. Science, 1995, 270: 1789-1791.

[14] Lin Y Z, Wang J Y, Zhang Z G, et al. An electron acceptor challenging fullerenes for efficient polymer solar cells. Advanced Materials, 2015, 27(7): 1170-1174.

[15] Zhao W C, Li S S, Yao H F, et al. Molecular optimization enables over 13% efficiency in organic solar cells. Journal of the American Chemical Society, 2017, 139(21): 7148-7151.

[16] Yuan J, Zhang Y Q, Zhou L Y, et al. Single-junction organic solar cell with over 15% efficiency using fused-ring acceptor with electron-deficient core. Joule, 2019, 3: 1140-1151.

[17] Cui Y, Xu Y, Yao H F, et al. Single-junction organic photovoltaic cell with 19% efficiency. Advanced Materials, 2021, 33: 2102420.

[18] 崔勇，姚惠峰，杨晨熠，等．具有接近 15% 能量转换效率的有机太阳能电池．高分子学报，2018, (2): 223-230.

[19] Wang J Q, Zheng Z, Zu Y F, et al. A tandem organic photovoltaic cell with 19.6% efficiency enabled by light distribution control. Advanced Materials, 2021, 33: e2102787.

[20] Zhao W C, Qian D P, Zhang S Q, et al. Fullerene-free polymer solar cells with over 11% efficiency and excellent thermal stability. Advanced Materials, 2016,

28: 4734-4739.

[21] Zhang S Q, Qin Y P, Zhu J, et al. Over 14% Efficiency in polymer solar cells enabledby a chlorinated polymer donor. Advanced Materials, 2018, 30: 1800868.

[22] Cui Y, Yao H F, Hong L, et al. 17% efficiency organic photovoltaic cell with superior processability. National Science Review, 2020, 7(7): 1239-1246.

[23] Cui Y, Yao H F, Zhang J Q, et al. Single-junction organic photovoltaic cells with approaching 18% efficiency. Advanced Materials, 2020, 32(19): e1908205.

[24] Cui Y, Xu Y, Yao H F, et al. Single-junction organic photovoltaic cell with 19% efficiency. Advanced Materials, 2021, 33(41): e2102420.

[25] Cui Y, Yao H F, Gao B W, et al. Fine-tuned photoactive and interconnection layers for achieving over 13% efficiency in a fullerene-free tandem organic solar cell. Journal of the American Chemical Society, 2017, 139: 7302-7309.

[26] Meng L X, Zhang Y M, Wan X J, et al. Organic and solution-processed tandem solar cells with 17.3% efficiency. Science, 2018, 361: 1094-1098.

[27] Cheng P, Zhan X W. Stability of organic solar cells: challenges and strategies. Chemical Society Reviews, 2016, 45: 2544-2582.

[28] Wang R, Yao Y, Zhang C F, et al. Ultrafast hole transfer mediated by polaron pairs in all-polymer photovoltaic blends. Nature Communications, 2019, 10(1): 398.

[29] Liao Q, Kang Q, Yang Y, et al. Highly stable organic solar cells based on an ultraviolet-resistant cathode interfacial layer. CCS Chemistry, 2022, (3): 938-948.

[30] Sun C K, Pan F, Bin H J, et al. A low cost and high performance polymer donor material for polymer solar cells. Nature Communications, 2018, 9: 743.

[31] Ren J Z, Bi P Q, Zhang J Q, et al. Molecular design revitalizes the low-cost PTV-polymer for highly efficient organic solar cells. National Science Review, 2021, 8(8): nwab031.

[32] Chen Y N, Li M, Wang Y Z, et al. A fully non-fused ring acceptor with planar backbone and near-IR absorption for high performance polymer solar cells.

Angewandte Chemie International Edition, 2020, 59(50): 22714-22720.

[33] Zhan L L, Li S X, Xia X X, et al. Layer-by-layer processed ternary organic photovoltaics with efficiency over 18%. Advanced Materials, 2021, 33(12): e2007231.

[34] Sun C, Xia R X, Shi H, et al. Heat-insulating multifunctional semitransparent polymer solar cells. Joule, 2018, 2: 1816-1826.

[35] Xu Y, Cui Y, Yao H F, et al. A new conjugated polymer that enables the integration of photovoltaic and light-emitting functions in one device. Advanced Materials, 2021, 33: 2101090.

[36] Duffner F, Kronemeyer N, Tübke J, et al. Post-lithium-ion battery cell production and its compatibility with lithium-ion cell production infrastructure. Nature Energy, 2021, 6: 123-134.

[37] Vaalma C, Buchholz D, Weil M, et al. A cost and resource analysis of sodium-ion batteries. Nature Reviews Materials, 2018, 3: 18013.

[38] Schmuch R, Wagner R, Hörpel G, et al. Performance and cost of materials for lithium-based rechargeable automotive batteries. Nature Energy, 2018, 3: 267-278.

[39] Tang X, Zhou D, Zhang B, et al. A universal strategy towards high-energy aqueous multivalent-ion batteries. Nature Communications, 2021, 12: 2857.

[40] Larcher D, Tarascon J M. Towards greener and more sustainable batteries for electrical energy storage. Nature Chemistry, 2015, 7: 19-29.

[41] Li C, Xu H, Ni L, et al. Nonaqueous liquid electrolytes for sodium-ion batteries: fundamentals, progress and perspectives. Advanced Energy Materias, 2023, 13: 2301758.

[42] Delmas C, Braconnier J J, Fouassier C, et al. Electrochemical intercalation of sodium in Na_xCoO_2 bronzes. Solid State Ionics, 1981, 3: 165-169.

[43] Stevens D A, Dahn J R. The mechanisms of lithium and sodium insertion in carbon materials. Journal of the Electrochemical Society, 2001, 148: A803-A811.

[44] Tapia-Ruiz N, Armastrong A R, Alptekin H, et al. 2021 roadmap for sodium-ion batteries. Journal of Physics: Energy, 2021, 3: 031503.

[45] He M, Mejdoubi A EL, Chartouni D, et al. High power NVPF/HC-based

sodium-ion batteries. Journal of Power Sources, 2023, 588: 233741.

[46] Broux T, Fauth F, Hall N, et al. High rate performance for carbon-coated $Na_3V_2(PO_4)_2F_3$ in Na-ion batteries. Small Methods, 2019, 3:1800215.

[47] Bauer A, Song J, Vail S, et al. The scale-up and commercialization of nonaqueous Na-ion battery technologies. Advanced Energy Materials, 2018, 8: 1702869.

[48] Hu Y S, Komaba S, Forsyth M, et al. A new emerging technology: Na-ion batteries. Small Methods, 2019, 3:1900184.

[49] 宁德时代发布第一代钠离子电池 . https://www.catl.com/news/994.html [2021-07-29].

[50] Deng Q, Pei J, Fan C, et al. Potassium salts of para-aromatic dicarboxylates as the highly efficient organic anodes for low-cost K-ion batteries. Nano Energy, 2017, 33: 350-355.

[51] Bayaguud A, Fu Y, Zhu C. Interfacial parasitic reactions of zinc anodes in zinc ion batteries: underestimated corrosion and hydrogen evolution reactions and their suppression strategies. Journal of Energy Chemistry, 2022, 64: 246-262.

[52] Yamamoto T, Shoji T. Rechargeable Zn|$ZnSO_4$|MnO_2-type cells. Inorganica Chimica Acta, 1986, 117: L27-L28.

[53] Xu C J, Li B H, Du H D, et al. Energetic zinc ion chemistry: the rechargeable zinc ion battery. Angewandte Chemie International Edition, 2012, 51: 933-935.

[54] World Energy Council. Energy Efficiency: A Straight Path Towards Energy Sustainability. https://www.worldenergy.org/news-views/entry/energy-efficiency-progress-needs-further-acceleration[2024-04-23].

[55] IEA. The Future of Cooling: Opportunities for Energy-efficient Air Conditioning. https://doi.org/10.1787/9789264301993-en[2024-04-23].

[56] Zhu D B, Wang P, Wan M X, et al. Synthesis, structure and electrical properties of the two-dimensional organic conductor, $(BEDT\text{-}TTF)_2BrI_2$. Physica B+C, 1986, 143: 281-284.

[57] Kim J Y, Jung J H, Lee D E, et al. Enhancement of electrical conductivity of poly(3,4-ethylenedioxythiophene)/poly(4-styrenesulfonate) by a change of

solvents. Synthetic Metals, 2002, 126: 311-316.

[58] Bubnova O, Khan Z U, Malti A, et al. Optimization of the thermoelectric figure of merit in the conducting polymer poly(3,4-ethylenedioxythiophene). Nature Materials, 2011, 10: 429-433.

[59] Sun Y M, Sheng P, Di C A, et al. Organic thermoelectric materials and devices based on p- and n-type poly(metal 1,1,2,2-ethenetetrathiolate)s. Advanced Materials, 2012, 24: 932-937.

[60] Sun Y H, Qiu L, Tang L P, et al. Flexible n-type high-performance thermoelectric thin films of poly(nickel-ethylenetetrathiolate) prepared by an electrochemical method. Advanced Materials, 2016, 28: 3351-3358.

[61] Huang D Z, Wang C, Zou Y, et al. Bismuth interfacial doping of organic small molecules for high performance n-type thermoelectric materials. Angewandte Chemie International Edition, 2016, 55: 10672-10675.

[62] Huang D Z, Yao H Y, Cui Y T, et al. Conjugated-backbone effect of organic small molecules for n-type thermoelectric materials with *ZT* over 0.2. Journal of the American Chemical Society, 2017, 139: 13013-13023.

[63] Ding J M, Liu Z T, Zhao W R, et al. Selenium-substituted diketopyrrolopyrrole polymer for high-performance p-type organic thermoelectric materials. Angewandte Chemie International Edition, 2019, 58: 18994-18999.

[64] Guo H, Yang C Y, Zhang X H, et al. Transition metal-catalysed molecular n-doping of organic semiconductors. Nature, 2021, 599: 67-73.

[65] Yang C Y, Ding Y F, Huang D Z, et al. A thermally activated and highly miscible dopant for n-type organic thermoelectrics. Nature Communications, 2020, 11: 3292.

第四章

化学材料与器件

第一节 可循环高分子合成

1920 年，德国化学家施陶丁格（Staudinger）提出高分子的概念，这标志着高分子学科的诞生。经历了 100 多年发展的高分子工业给社会经济和人民生活带来了翻天覆地的变化，高分子材料已经成为国民经济和人类衣食住行不可或缺的基础物资。然而，大部分的合成高分子材料不能在自然环境下降解，其超大量的使用造成了资源浪费和环境污染等问题[1]。不可降解高分子材料带来的污染问题将严重威胁人类的生存环境和健康生活，以及人类的可持续发展。解决上述问题已成为广泛共识，联合国环境大会将塑料污染称为“需要全球关注的问题”，我国出台了新版“限塑令”，提出了“发展塑料循环经济”。因此，实现高分子材料的回收和循环利用是影响人类社会可持续发展的全球性挑战[2]。

高分子材料的循环回收方法主要有物理回收、焚烧（回收热能）、化学回收。化学回收是指在特定条件下将聚合物解聚得到单体或者转化为高值化学品的过程，是解决塑料污染问题最具潜力的策略。然而，目前大量使用的高分子材料主链大多为稳定的碳—碳键，其化学结构决定了它们难以像金属材料一样可以实现循环式回收再利用。尽管在高温裂解条件下，高分子材料可以降解为小分子，但该过程能耗高、选择性差。环境可降解高分子是自然环境下能够最终降解为二氧化碳和水，或者其他对环境无害小分子的一类高分子材料。发展性能优异、生态环境可降解的高分子材料，对减少白色污染、改善环境、实现高分子材料可持续发展具有重要的意义。然而，生态环境可降解高分子材料依然只是一次性使用，对于资源利用来说是一种浪费，同时整体上增加了碳排放。设想，如果高分子材料能够像金属材料一样，通过回收再加工可以实现多次使用，让高分子材料在不同分子状态之间进行转化，将会增加高分子材料的循环使用次数，从而降低整体的碳排放。因此，科学家提出了“可循环高分子材料”的概念（图 4-1）。

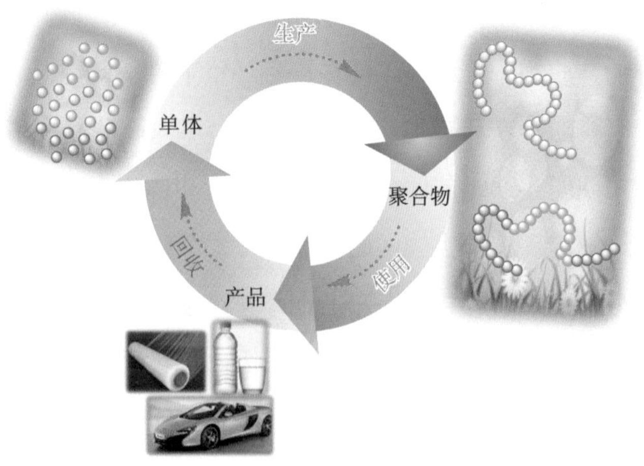

图 4-1　可循环高分子材料经济模式

可循环高分子材料可以分为物理可循环高分子材料和化学可循环高分子材料。物理可循环高分子材料包括基于非共价键相互作用构筑的能够重复加工并具备一定自修复功能的高分子塑料、弹性体材料，甚至是能够重新加工的热固性树脂。化学可循环高分子材料是指能够在温和条件下完全解聚得到原始的单体，且得到的单体能够重新聚合得到具有相同品质的高分子材料，从而建立“单体—聚合物—单体”的闭环回收利用。这类材料的开发具有重要的科学意义和应用价值，能够媲美金属回收，在理论上能够实现高分子材料的无限循环回收。

设计可循环高分子材料，首先要从热力学角度进行考虑。根据热力学第二定律，$\Delta G = \Delta H - T \cdot \Delta S$，其中$\Delta H$为聚合过程的焓变，$T$为热力学温度，$\Delta S$为聚合过程的熵变。对于绝大多数单体来说，聚合过程是放热的，同时是熵减少的过程。因此，在一定温度下，聚合反应和解聚反应将达到平衡，该温度也称为聚合最高温度（ceiling temperature of polymerization，T_c）。要合成在温和条件下能够实现化学可循环的高分子材料，首先要求T_c在一个合适的范围内，既不能太高也不能过低，否则对应的聚合和解聚将是高能耗过程；其次要求单体具有较好的稳定性，否则单体在解聚过程中容易分解转化成其他副产物，导致单体回收过程选择性差、回收率低。一方面，从动力学的角度考虑，要求制备得到的高分子材料在使用条件下是动力学惰性的，即解聚反应应该有合适的能垒来保证材料的正常使用，否则聚合物不稳定，无法满足实际使用的需求；另一方面，又要求在特定的条件（催化剂、温度、酸碱性等）下，该聚合物能够按照拉链式解聚模式，从链末端逐步解聚为单体而不产生其他副产物，即满足“按需解聚”的要求，从而实现高分子材料从传统的“线性生产处理模式”到“循环经济模式”的转变，这对社会的可持续发展具有重要的战略意义，也是当前国际前沿研究方向。

近年来，高分子化学家师法自然，创制了可完全化学回收的新一代“可循环高分子材料”。国际纯粹与应用化学联合会（IUPAC）在其成立100周年纪念日上将“从塑料到单体”列为2019年化学领域十大新兴技术之一[3]，“促进塑料回收的高分子单体”又于2020年入选IUPAC化学领域十大新兴技术之一[4]。毫无疑问，具有闭环生命周期的可循环高分子材料是循环经济下理想的高分子材料，是当前高分子化学领域研究的热点。

近年来，国内外科研工作者在化学可循环高分子材料的设计合成方面取得了一系列突破性进展，设计合成了聚酯、聚硫酯、聚缩醛、聚环烯烃等可循环高分子材料。2016年，美国科罗拉多州立大学的陈优贤（Eugene Chen）教授和洪缪博士利用稀土金属配合物及有机膦腈超强碱作为催化剂，在低温下首次实现γ-丁内酯（γBL）的开环聚合，成功制备高分子量的聚（γ-丁内酯）（PγBL），并首次证明了通过加热就能够直接实现PγBL在温和条件下定量解聚得到γ-丁内酯单体，从而实现完全可循环回收的聚酯高分子材料[5,6]。这一突破性的发现引起了人们对化学可循环聚合物的广泛关注和研究兴趣。同一课题组随后报道了α-亚甲基-γ-丁内酯（MBL）的化学选择性开环聚合，合成了主链可降解、侧链可修饰的功能聚酯。进一步研究发现，在稀溶液中，聚（α-亚甲基-γ-丁内酯）（PMBL）可以选择性地解聚为单体[7]。同一时期，青岛科技大学李志波团队利用自主研发的有机环三膦腈碱（CTPB）及强碱/脲二元催化体系，成功实现γBL单体的开环聚合，首次通过化学合成方法得到力学性能媲美生物发酵法的PγBL[8,9]。他们进一步利用 CTPB/ 脲二元催化体系实现了 MBL 的化学选择性开环聚合[10]。陈优贤课题组通过在 γBL 的 α 位和 β 位引入反式六元环，合成了一种新的五元环内酯单体。反式六元环的引入大大增加了 γBL 的环张力，使其能够在室温下实现可控开环聚合，得到高分子量的聚合物。该聚合物具有比 PγBL 更好的热稳定性和力学性质，并且在加热或者催化剂存在下能定量解聚得到原始单体[11]。该课题组还设计了多种含有桥联双环结构的五元环内酯单体。桥联双环结构的引入也增大了五元环的环张力，使其能够在室温下发生可控开环聚合，得到高分子量和高性能的可循环聚酯材料[12, 13]。除了五元环内酯结构，六元环和七元环内酯也被报道用于化学可循环聚酯的设计合成。青岛科技大学李志波教授团队使用强碱 / 脲二元催化体系，实现了生物质来源 δ-己内酯的快速可控开环聚合，制备得到完全可循环的聚酯和热塑性弹性体。这也是首次报道的利用生物质来源的商品化单体作为原料制备的可化学循环的热塑性弹性体材料[14]。大连理工大学的徐铁奇教授与陈优贤教授构建了一个基于偕二烷基取代的六元环内酯的单体平台。偕二烷基的引入不仅实现了聚合物的化学循环性，而且使聚合物具有出色的物理性能[15]。四川大学的王玉忠团队发展了二氧环己酮单体的开环（共）聚合，合成了一系列性能可调的可生物降解、可循环的聚酯[16]。四川大学朱剑波教授课题组最近报道了一类新型化学可循环芳香-脂肪族聚酯。他们利用生物质来源的水杨醛和 α-羟基酸作为原料合成了带有苯环的七元环内酯。这些环内酯在室温下显示出高的聚合活性，并且制备得到的聚酯在溶液或者本体状态下可以解聚得到原始单体[17]。

在化学可循环聚硫酯方面，北京大学吕华课题组从 4-羟基脯氨酸出发，构建了一系列含有桥联双环结构的硫代五元环内酯。

桥联双环结构的引入也增大了硫内酯的环张力，使其能够在室温下发生可控开环聚合。聚合得到的聚硫酯在碱的作用下能快速解聚得到原始的硫内酯单体[18]。同一课题组以青霉胺为原料，在四元环硫内酯环上引入偕二甲基，制备了一系列含不同取代基的β-硫内酯单体，这些硫内酯单体同样可以实现在室温下的聚合和可逆的解聚[19]。

中国科学院上海有机化学研究所的洪缪研究员通过硫代反应将五元环内酯中的羰基氧原子转变为硫原子。研究发现，这些硫羰代内酯在室温下可以高效转化为聚硫酯，并且这些聚硫酯经过两步化学反应可以重新转化得到可聚合单体。这项工作的意义在于，将通常条件下难聚合的生物基五元环内酯通过简单化学反应转化为了有应用价值的可降解聚合物[20]。中国科学院长春应用化学研究所的陶友华团队发展了单硫代交酯单体，其开环聚合选择性地发生在硫酯键，从而获得主链酯-硫酯完全交替结构的聚合物。该团队发现，单硫代交酯结构在高选择性聚合方面起到关键作用，并可显著降低环张力，赋予聚合物化学可循环性[21]。北京大学的李子臣团队采用双功能硫脲 / 碱催化剂实现了吗啉-2,5-二酮衍生物的活性聚合，开环反应选择性地发生在酯基处，合成的新型聚酯酰胺可在酸性条件下定量解聚[22]。

美国康奈尔大学的科茨（Coates）教授课题组通过筛选系列路易斯酸催化剂，实现了环缩醛的“活性”/ 可控阳离子聚合，首次制备得到高分子量聚缩醛。这些聚缩醛具有与商品化聚烯烃塑料（包括等规聚丙烯和高密度聚乙烯）近似的物理性质，并且可以在强酸催化剂的作用下实现化学循环[23]。目前，化学可循环聚合物的报道集中于含有杂原子环状单体的开环聚合，而对于工业上产量最大的聚烯烃则鲜有涉及。德国康斯坦茨大学的梅金

（Mecking）课题组在聚乙烯中引入低官能团密度的碳酸酯或酯键官能团制备类聚乙烯材料，可以采用溶剂对其进行降解回收，实现了类聚乙烯材料的闭环回收，回收效率高达 96%[24]。

化学可循环高分子的实现是高分子科学的一个里程碑式的成果，高分子合成化学从热力学角度实现了精准化控制。一方面，将聚合反应的热力学平衡用于实际应用，通过催化体系的设计和聚合条件的优化，实现了通常情况下热力学稳定的单体向聚合物的转变，进一步在升温条件下实现了完全可逆的聚合物向单体的解聚；另一方面，通过改变单体的化学结构来调节单体的热力学参数，在保证聚合热力学能够实现可逆聚合-解聚合的条件下，进一步调控单体结构得到性能优异的高分子材料，体现了高分子合成化学的精准设计理念。通过精准的化学设计，可以同时实现高分子材料高性能和可循环性。

关于可循环高分子材料的最重要的展望就是实现其实际应用。一方面，基础研究与实际应用相结合，以现有的商品化的单体为基础，通过聚合方法创新、工业技术创新、工艺优化、规模化生产等方式实现工业化生产，可以降低聚合物合成成本；另一方面，继续创新单体设计理念，通过原始创新研发出综合性能优异、能够实现化学可循环回收的高分子材料，可以为解决白色污染提供新的方案。可循环高分子合成建议聚焦于以下几个方面：①设计新的单体，在保证可循环的前提下提高材料的综合性能，尤其是解决力学性能和温度使用上限问题，为可循环高分子的实际应用提供材料；②发展新的可逆化学反应用于聚合，获取新的可循环高分子品种；③通过设计合适的烯烃单体，发展新的催化体系，实现聚烯烃材料或者类聚烯烃材料的可循环回收，或者升级化学回收；④创新基于非共价键的物理可循环高分子设计理念和相互作用的调控，获取性能优异、成本合理的材料，并实现其应用。在可循环高分子研究方面，特别需要鼓励学术界和工业界的专家学者通力合作，利用变革性的技术创新，推动可循环高分子技术和产业的发展，最终实现可循环高分子的生产、加工、使用、回收全生命周期的“双碳”目标，推动我国在高分子材料领域的跨越式发展，实现并保持国际领先水平。

第二节　聚合物半导体材料的研究现状与未来挑战

由聚合物材料作为活性层的有机场效应晶体管（OFET）器件是一类重要的电子元器件，在多种未来的电子器件中具备潜在的实用价值。经过30多年的发展，聚合物半导体材料的性能得到了极大提升，其本身的特有优势（如分子可设计、可溶液法加工和柔性等）使其在智能传感、多功能光电和本征柔性电子器件等应用领域展现出无可比拟的优势[25-27]。场效应迁移率（μ）是聚合物半导体材料最重要的性能参数。目前，有机聚合物半导体材料的迁移率已经满足智能传感[迁移率一般要求高于10^{-3} $cm^2/(V·s)$]、显示驱动[迁移率一般要求高于0.1 $cm^2/(V·s)$]等领域的应用需求（图4-2）[28,29]。近年来，基于聚合物半导体的新型电子器件得到极大关注和发展。目前，基于有机聚合物半导体材料的前沿应用已经拓展到有机近红外探测器、可拉伸OFET、基于OFET的有源矩阵有机发光二极管（active matrix organic light emitting diode，AMOLED）显示驱动、高性能传感器等领域[30-34]。随着迁移率的进一步发展，聚合物半导体材料还将实现柔性逻辑电路等更复杂的高性能电子电路的构建，从而推动柔性电子学特别是可卷曲、可穿戴电子器件的发展。

迁移率是半导体材料的重要物理参数，与应用直接相关

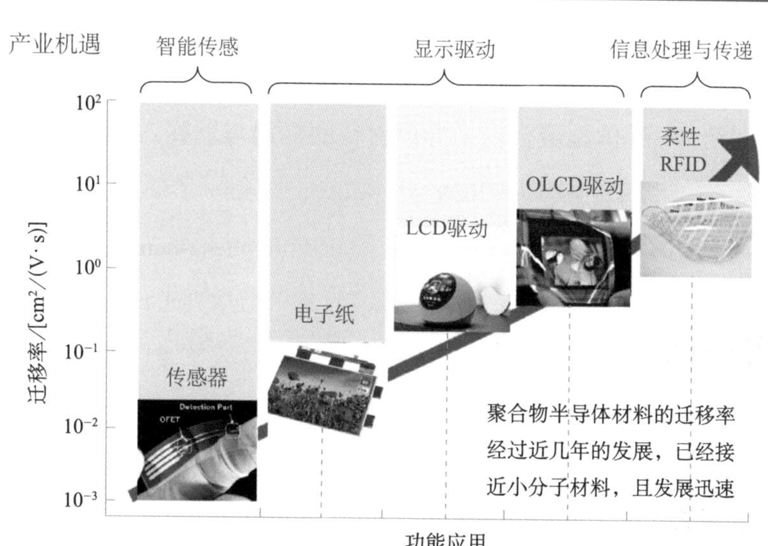

图 4-2 迁移率高低与聚合物半导体材料的应用[35-39]

LCD（liquid crystal display，液晶显示）；OLCD（organic liquid crystal display，有机液晶显示）；RFID（radio frequency identification，射频识别）

聚合物半导体材料的发展最初可以追溯到 1986 年，Ando 等报道合成了聚噻吩类材料。然而，虽然他们有效实现了聚合物材料的场效应晶体管制备，但是受限于聚噻吩的溶解性及薄膜质量等因素，该类材料的迁移率仅能达到 10^{-5} $cm^2/(V·s)$[25, 40]。之后，科学家们经过一系列的努力，逐渐实现了溶解性好、区域规整度高及分子量高的聚合物半导体材料的合成[41]，其中最具代表性的分子就是聚三烷基噻吩 [poly(3-alkylthiophene)，P3AT] 类材料[42, 43]。在这类分子中，由己基作为烷基链的聚三己基噻吩 [poly(3-hexylthiophene)，P3HT] 材料，在 20 世纪末实现了迁移

率 0.1 $cm^2/(V·s)$ 的突破，让科学家们对聚合物半导体材料的发展前景充满了信心[44]。在此基础上，McCulloch 等通过在主链中引入并二噻吩等方法，合成了聚 2,5－双 (3－烷基－2－(3,2－并噻吩)) 基噻吩［poly(2,5-bis (3-alkylthiophen-2-yl) thieno[3,2-*b*]thiophenes)，PBTTT］类材料，并且通过器件优化的手段，逐渐将聚合物材料的迁移率提高到 1.0 $cm^2/(V·s)$ 以上[45,46]。

给体－受体型聚合物半导体材料的兴起与发展，进一步地推动了高迁移率的实现。2009 年，Müllen 等合成了环芴二烯并双噻吩－苯并噻二唑共聚物（cyclopentadithiophene-benzothiadiazole copolymers，CDT-BTZ）类材料，其迁移率可以达到 1.4 $cm^2/(V·s)$[47]。通过进一步对分子量的优化，其最高迁移率达到了 3.3 $cm^2/(V·s)$[48]。之后，给体－受体型聚合物材料的研究，迎来了井喷式的发展。尤其是，随着吡咯并吡咯二酮（DPP）及异靛蓝（IID）类受体单元的发现，迁移率的最高值不断被打破。2012 年，最高的迁移率达到了 3.97 $cm^2/(V·s)$[49]。到了 2013 年，随着分子设计的优化，Kim 等实现了 12.04 $cm^2/(V·s)$ 的最高空穴迁移率[50]。2014 年，通过优化 IID 类受体，使用噻吩环取代苯环，加强了分子链间相互作用力，Yang 等将最高的空穴迁移率刷新到了 14.4 $cm^2/(V·s)$[51]。

就国内而言，我们经历了由“追赶”到“并行”的发展阶段。早期，国内聚合物半导体的迁移率一直处于较低水平，直到 2009 年董焕丽和胡文平等通过聚合物纳米线技术首次将迁移率提升到了 0.1 $cm^2/(V·s)$ 以上的水平[52]。随着第三代给体－受体型聚合物半导体材料的出现，国内的聚合物半导体材料发展也进入了快车道。2011 年，裴坚等发展的 IID 类材料，其最高的空穴迁移率达到了 0.79 $cm^2/(V·s)$。到了第二年，刘云圻等以噻吩乙烯噻吩为给体、DPP 为受体，合成了吡咯并吡咯烷酮－噻吩乙烯噻吩共聚物类材料 PDVT{poly[2,5-bis(alkyl)pyrrolo[3,4-*c*]pyrrole-1,4(2*H* , 5*H*)-dione-*alt*-5,5′-di(thiophen-2-yl)-2,2′-(*E*)-2-(2-(thiophen-2-yl)vinyl) thiophene]，PDVT}，实现了最高 8.2 $cm^2/(V·s)$ 的空穴迁移率[53]。这一明星分子的发现极大地促进了国内聚合物半导体的发展，使其迅速追赶上了国际先进水平。从这之后，我国在给体－受体型聚合物半导体材料的研究方面一直处于第一方阵。空穴迁移率逐渐由 7.28 $cm^2/(V·s)$[54] 发展到 11.02 $cm^2/(V·s)$[55]，而电子迁移率也实现了 9.70 $cm^2/(V·s)$[56] 的高水准。并且，我国在双极性聚合物半导体材料的发展中一直处于先进水平[56-58]。在绿色制造相关的、可非氯溶剂加工的聚合物半导体材料的研究中，国内也处于引领地位（图 4-3）[55,59]。

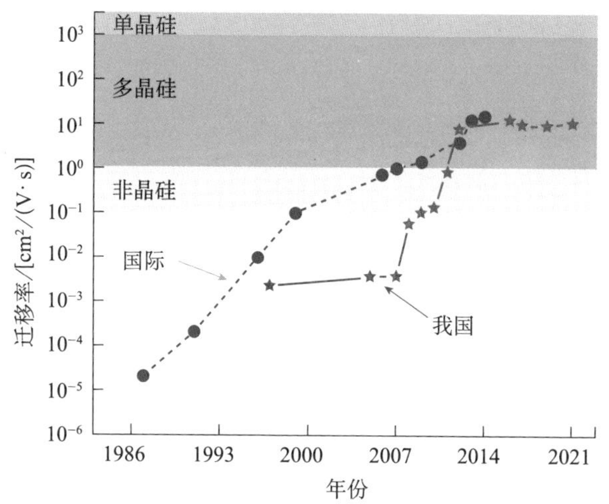

图 4-3 聚合物半导体材料在国际上与我国的迁移率发展趋势图

总体而言，我国聚合物半导体材料的研究已经由追赶国际先进水平，发展到与国际顶尖水平相竞争的阶段，同时在某些新兴的研究领域中已经处于国际领先地位。对于聚合物半导体材料的未来发展与挑战，我们认为可以集中在以下几个方面进行发展。

（1）高性能材料的设计合成：主要挑战在于缺乏新设计理念、

电子传输型材料发展滞后等。未来需要发展的几个重要方向：提出新的设计理念，设计新的结构单元，尤其是发现新的明星分子，以获得更高迁移率的材料。

（2）高性能器件：主要挑战在于漏电流、阈值电压、大面积均匀性和电路集成技术等。未来需要发展的几个重要方向：从界面优化、绝缘层调控等多个方面降低器件的漏电流和阈值电压，提高器件的长期工作稳定性等。

（3）宏量制备：结合工业应用的需要，在保证迁移率性能的同时，对分子的设计更多地考虑其成膜均匀性、非氯溶剂加工特性、绿色合成、材料稳定性、宏量制备和批次间的重复性等几个方面。

（4）加工技术：充分发挥高分子可溶液法加工的优势，开发新的溶液法加工方法，包括半导体墨水的调控、正交溶剂的选择和提高器件分辨率等难题的解决。

第三节　柔性可穿戴功能材料与器件

柔性可穿戴技术是将有机/无机材料构成的电子器件制作在柔性/可延展性基板上的新兴电子技术，所得器件可耐受弯曲、折叠、扭曲、拉伸等形变，从而可直接或间接地穿戴于人体上甚至植入体内，实现对人体状态或环境信息的实时、长期监测或干预。随着摩尔定律逐渐逼近物理极限，电子器件的柔性化、多样化成了电子工业发展的重要趋势。在后摩尔时代，柔性可穿戴技术被认为有希望带来全新的电子技术革命，从而引发人类生产方式、生活方式、思维方式的深刻变革。早在2000年，美国《科学》（*Science*）就将柔性电子技术列为世界十大科技成果之一，与人类基因组草图和生物克隆技术等重大发现并列。随着柔性可穿戴技术的发展，其已从电子工业扩展至化学、材料、物理、显示、能源、印刷、纺织等多个领域，在健康、医疗、信息、国防等关系国计民生的战略关键领域的价值日益凸显。图 4-4 总结了柔性可穿戴技术相关的主要材料体系[60, 61]、功能器件类型及形态[62-65]，并展示了其应用领域[62, 66-68]。

柔性可穿戴技术既是多学科交叉融合发展的研究热点，也是世界各国及组织科技竞争和产业竞争的战略前沿领域。美国、日本、韩国、欧盟等纷纷制定了针对柔性可穿戴技术的重大研究计划，如美国的“亚利桑那州立大学柔性显示中心（Flexible Display Center at Arizona State University，FDCASU）计划”、日本的“先进显示材料技术研究联盟（Technology Research Association for Advanced Display Materials，TRADIM）计划”、欧盟的框架计划中的“聚合物电子的环境智能应用”（The Application of Polymer Electronics Towards Ambient Intelligence，PolyApply）和“智能高集成度柔性技术”（Smart High Integration Flex Technologies，SHIFT）等。国内外知名高校也先后建立了专门的柔性电子技术研究机构，致力于开展柔性电子材料、器件与工艺技术的研究。同时，全球柔性电子技术市场发展势头迅猛，根据 IDTechEx 研究报告《可穿戴技术及市场—2020 版》，2019 年全球可穿戴技术产品的市场总价值近 700 亿美元。根据 IDTechEx 发布的《2023 柔性电子产业发展白皮书》，全球柔性电子市场总价值将长期保持高速增长态势，到 2028 年有望达 3010 亿美元。大力发展柔性可穿戴技术是我国通过自主创新建设科技强国和促进支柱产业升级转型的重要战略机遇。

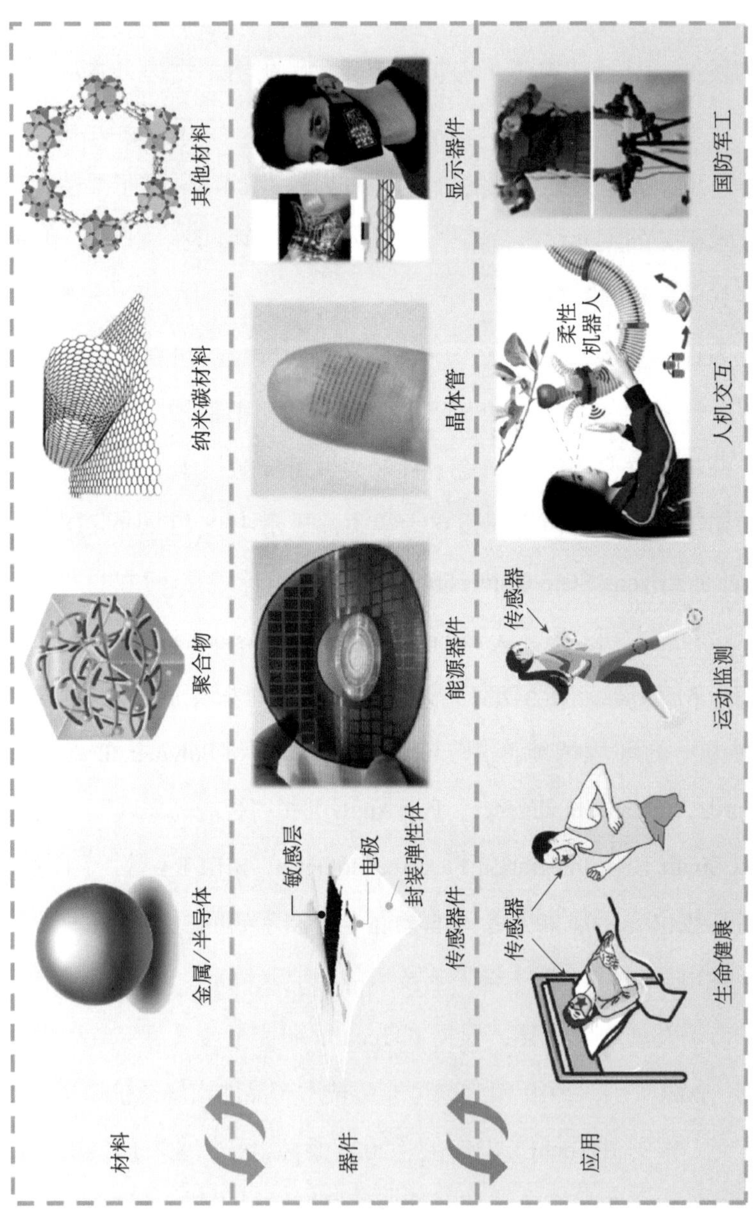

图 4-4　柔性可穿戴技术主要功能材料、器件与应用

最早的柔性电子器件是可弯折太阳能电池。20 世纪 60 年代，为了满足航天器的动力需求，人们将非晶硅沉积在柔性基底上而制得了可贴附于不规则表面的太阳能电池。这被认为是最早的柔性电子器件[69]。与此同时，基于对低成本、大面积显示的需求，薄膜晶体管（thin film transistor，TFT）的研究广为兴起。当时，薄膜晶体管被制作在各种柔性基底上，包括纸、铝箔和各种纺织品。这正是现在许多柔性电子器件的基本结构，但遗憾的是，这项技术在当时并没有引起太大关注。1986 年，津村（Tsumura）等首次以聚噻吩为半导体材料制备了有机薄膜晶体管（organic thin film transistor，OTFT）[70]。从此，以有机半导体材料作为活性层的薄膜晶体管成为新的研究热点。20 世纪 90 年代，由薄膜晶体管作为底板的显示设备由于其大面积、低成本和构造简单的优势而被工业界重点关注和大规模生产，人类进入大面积平板显示的时代。随后，薄膜晶体管在塑料等柔性基底上的制作工艺逐渐成熟，迎来了柔性显示器的诞生。1992 年，古斯塔夫森（Gustafsson）等报道了世界上首个全柔性有机发光二极管[71]，这正是如今可折叠手机显示屏的雏形。值得一提的是，由于有机半导体材料具有低成本、大规模加工的优势，并具有本征机械柔性，其逐渐成为当今电子消费品显示屏的主导材料。回顾历史可以发现，采用薄膜结构和有机材料是打开“柔性”电子大门的钥匙，而其最早期的动力来源于人类对轻便性、低成本和大面积器件的追求。

进入 21 世纪后，现代社会向信息化和数字化发展的趋势愈演愈烈，成为推动柔性可穿戴技术发展的新动力。伴随着社会对获取信息的种类、速度和数量的需求的急剧增长，新型柔性电子器件的研究得到了长足发展，其功能变得丰富多样，柔性应变 / 压力 / 化学 / 生物传感器、柔性超级电容器 / 电池、可拉伸电极、柔性信号传输元件等逐渐发展起来。同时，柔性电子器件的形态和特点也更加多样化，除最初的薄膜状柔性电子器件外，超薄电子皮肤、植入式电子器件、半侵入式电子器件（如微针阵列）、瞬态电子器件等逐渐涌现；近几年来，具有柔韧性、透气性、耐洗涤等特点的纤维/织物状电子器件因其更适应舒适、无感的日常穿戴需求而成为新的研究热点。与此同时，作为柔性电子器件发展的必然结果，其应用场景也在需求牵引下被广为拓展。“柔性”使得电子器件可以贴合不规则的人体表面，并且耐受日常动态应用场景，赋予了其在生命体征监测、运动管理、移动医疗、信息交互等方面的极大优势。社会老龄化的日益加剧、生活水平的不断提升和生活节奏的加快，提升了人们在运动监测、健康管理、疾病早期诊断、远程医疗及环境信息的及时获取等方面的需求，进一步推动了柔性可穿戴、可植入电子器件的科学研究和产业化进程。如今，部分功能和构造相对简单的柔性可穿戴电子设备已经成功走上货架，焦耳热式电加热保暖衣、柔性心电衣等已经可以在网络购物平台下单；在2022年冬季奥运会的户外项目中，运动员应用了含有石墨烯复合纳米纤维的智能保暖运动服[72]。当然，绝大多数结构更为精妙、功能更为先进的柔性可穿戴设备仍然处于早期技术可行性验证阶段或者向实用化产品转化的探索阶段。

面向未来，柔性可穿戴器件在多个关键领域的应用值得期待。在生命医学领域，非侵入式关键生命指征监测，可穿戴式设备用于早期疾病预测/诊断，以及主动式、远程式治疗技术，可能会成为未来健康医疗技术的重要辅助乃至主要手段，从而降低医疗消耗，提升人民生命质量；在信息、娱乐及运动领域，柔性可穿戴技术将朝着多功能化、无感化、便捷化方向前进，无所不在的传感与无所不在的显示将成为信息获取与信息传递的主要基石，促进人与机器和环境的深度融合，帮助人类突破现实局限，在多个维度上获得更大的自由度；在航天、军事和国防技术领域，柔性可穿戴技术将向功能更加强大、可靠性更强、稳定性更高、隐蔽性更好的方向发展。

该领域涉及的主要科学和技术问题与“可穿戴”这一应用形式息息相关。基于人们对长时间、稳定、舒适佩戴于人体的需求，柔性可穿戴器件在具备其基本功能的基础上，需要具有良好的顺应性、抗干扰性、轻质、对人体友好及易于个性化设计等特点。同时，其发展还应顺应全球绿色低碳发展的潮流，因此绿色的制造工艺、可回收 / 可降解的材料与器件设计、低功耗甚至自供能的器件更受青睐。最后，为了实现实用化，还必须发展低成本、大规模的加工制造技术。这对材料的设计和筛选、柔性电子器件的结构设计和工作机制研究、可穿戴系统的加工和集成工艺等提出了全方位的挑战，它是科学家们长期以来致力于研究和探索的前沿科学与技术问题。

材料无疑是构建柔性可穿戴器件的基石，新型柔性电子材料的研究是发展柔性可穿戴电子器件的关键。柔性电子材料需具备一定的可弯折性或可延展性，从而在人体动态情况下能保持稳定的电学性能，同时还需满足人体安全性、轻质、化学与热稳定性、生物相容性等要求。当前常用的柔性可穿戴材料包括无机金属 / 半导体材料、有机高分子材料、纳米碳材料及其他新兴材料。其中，无机金属 / 半导体材料（如金、银、铜、硅）是构筑传统硬质电子器件的主流材料。研究人员通过减薄厚度、降低维度、引入屈曲结构等设计策略和微加工手段，成功地将其用在了柔性电子器件的构筑中[73]。2006 年，美国西北大学的研究人员首次将单晶硅沉积在橡胶衬底上，为可拉伸硅基柔性电子器件的制造提供了可能[74]，之后陆续实现了可拉伸、可折叠、可压缩、可生物降解 / 代谢的柔性电子器件的创制[75-77]。这类材料的优点是拥有出色的电学功能。然而，由于不具有本征的可拉伸性，它们在外力下易失效；同时，它们通常需要负载于高分子衬底上以获得机械稳定性和柔性，而后者与金属 / 半导体所需的加工工艺一般并不兼容，从而造成了器件制造上的难题，其加工过程往往烦琐冗长、成本高昂。具有本征柔性的有机高分子材料与金属 / 半导体材料形成了良好的互补，根据其导电性可分为导电聚合物 [如聚苯胺（PANI）、聚吡咯（PPy）、聚 3,4 – 乙烯二氧噻吩– 聚苯乙烯磺酸（PEDOT-PSS）等]和绝缘聚合物 [如聚二甲基硅氧烷（PDMS）、聚对苯二甲酸乙二醇酯（PET）、聚酰亚胺（PI）等]。前者呈金属性或半导体性，被广泛用作电极或活性材料，而后者常被用作衬底或封装材料。与无机材料相比，这些有机高分子材料具有本征柔性、方便易得、生物相容性好、化学稳定性高等优点，契合了柔性可穿戴器件对于轻薄性、柔性和人体安全性方面的要求。然而，其电学性能往往显著逊于无机材料。中国科学院外籍院士、斯坦福大学的鲍哲南教授在面向柔性电子皮肤应用的有机电子材料的设计方面做了系列开创性的工作。2022 年，鲍哲南教授团队在导电高分子材料中引入了拓扑交联网络，研制了高拉伸性、高导电性、像皮肤一样可自愈合的新型导电聚合物材料，突破了现有导电材料无法综合兼顾力学和电学性能的瓶颈[78]。除上述两类从传统材料基础上发展起来的柔性可穿戴材料外，新兴的纳米碳材料被认为是柔性电子器件的另一类备选材料。以碳纳米管和石墨烯为代表的纳米碳材料具有良好的导电性、本征的机械柔性、质轻、出色的化学和热稳定性等优势，可以通过直接生长或后处理的方法组装成纤维、薄膜等宏观柔性结构，可以制作成导电油墨用于印刷电子，也可以与其他材料结合制备成导电复合材料，为新形态、新功能柔性电子器件的设计制造提供了空间。另外，源于天然生物材料（如丝蛋白、甲壳素、壳聚糖、纤维素等）的碳材料也逐渐兴起。这类材料不仅可以规模化、低成本生产，具有易于调控的杂化结构，而且取于自然，安全环保，十分契合绿色可持续发展的要求。十余年来，中国、日本、美国、韩国等国科研人员在碳基柔性电子领域做出了有影响力的研究工作。上述三类材料可谓是当今柔性电子材料的主流。此外，一些新兴材料，如二维过渡金属硫族化合物（TMD）、金属有机骨架、共价有机骨架（COF）及二维过渡金属碳氮化物（MXene）等，也因其特殊的结构、性质和功能而被尝试用于柔性电子器件的构筑。值得说明的是，在实际应用中，上述几类材料往往并不孤立使用，不同的材料相辅相成共同构筑器件，或通过复合得到新型柔性可穿戴功能材料。导电材料（如金属、纳米碳材料）常与高分子材料复合，其性质受加工过程、复合结构、组成、分散形态、界面性质、外界环境等多因素的影响，具有丰富可调的性质和功能。这类柔性导电复合材料在柔性器件构筑中发挥了重要作用。例如，东京大学的研究人员在 2017 年将金蒸镀到聚乙烯醇纳米纤维上，制得了高导电性、超薄、轻质、可透气、可拉伸的柔性电极，用于高精度肌电信号采集和电学信号的传输[79]。多学科交叉融合、共同开发新材料是柔性可穿戴技术的前沿研究领域，具有丰富的学科内涵，有待深入挖掘。特别是通过化学的方法创制新材料、探索其性能和功能背后的物理与化学机制、发展多层次结构功能材料的可控制备方法、设计和调控功能复合材料的表界面结构等，对促进柔性可穿戴技术的发展具有基础性的重要意义。同时，以绿色环保、低成本、高效率、规模化制备为目标，材料的合成方法和加工工艺也需要进一步革新，从而为柔性可穿戴技术的产业化发展提供条件。

在发展新材料的基础上研制具有创新原理和功能的器件，也是该领域过去十余年来的研究热点。柔性可穿戴器件的功能包括传感、供能、显示、致动、信号处理、传导及热管理等。其中，柔性传感器是多数柔性可穿戴系统不可或缺的核心组成部分，是实现对人体关键生理信号和周围环境信息的可靠、实时、长期监测的基础[80]，也是过去十余年来受到最广泛研究的一类器件。基于结构和原理创新，新功能、高性能的柔性传感器层出不穷，实现了对于多种与人体健康密切相关的物理信号（如应变、压力、温度、湿度等）、化学物质（如一氧化碳、葡萄糖、钾钠离子、尿酸、乳酸等）及环境信息的穿戴式灵敏感知，可用于实时监测脉搏、呼吸、体温、发声、运动等生物物理信号，脑电、肌电、心电等生理电信号，人体体液（汗液、泪液等）中血糖、尿酸、乳酸、钾钠离子等生化物质含量，以及环境中危害气体组成、风速、温度、湿度等信息。2020 年，日本东京大学染谷隆夫（Takao Someya）团队基于导电和介电纳米网状结构发展了超薄电容式压力传感器。该传感器可贴附于指尖在不干扰自然触觉的情况下监测手指触摸过程[81]。同时，柔性能源器件也是过去十余年来的研究重点，柔性太阳能电池、柔性超级电容器、柔性金属空气电池、柔性锂离子电池等被陆续研制。2021 年，复旦大学彭慧胜团队报道了具有优异的能量密度和弯曲稳定性并可大规模生产的纤维状锂离子电池[82]。此外，柔性显示器及柔性致动器是可穿戴系统与人体和外界环境交互的媒介。同样是在 2021 年，彭慧胜团队报道了一种具有良好柔性、透气性、可水洗、可规模化生产的柔性显示织物，展示了将显示真正集成在衣服上的可能[83]。2022 年，鲍哲南团队则通过将发光聚合物与聚氨酯复合，研制了高亮度、可拉伸的电子皮肤显示器[84]。与此同时，柔性晶体管的研究也逐渐受到关注，由柔性晶体管为基础构成的信号处理单元可被看作是可穿戴系统的大脑，是可穿戴系统迈向全柔性的重要组成部分。2021 年，研究人员在聚合物电子材料上直接进行光刻，制备了密度高达 42000 个 /cm^2 的柔性晶体管阵列，其含有异或门和半加器在内的逻辑运算单元[85]。此外，柔性导线和电极可被认为是柔性可穿戴系统的神经，承担电学信号传输的关键功能；具有主动或被动加热（焦耳热、光热、热电加热）和制冷（辐射制冷和热电制冷）功能的柔性热管理器件也对发展柔性智能器件有重要价值[86]，这些电子元件也在不断发展和更新升级。

值得关注的是，尽管柔性电子器件的功能和性能在被不断革新，但是现有的柔性可穿戴器件还远不能满足实际需求，在一些关键领域有重要应用的器件尤其有待发展。例如，可实现对生命体关键生理指标（如血糖、乳酸、尿酸、血压、血脂、心音及各类新型生物标志物）实时监测的柔性穿戴式器件仍处于原理验证阶段，能满足可靠、稳定、无创、长期监测且对人体友好等综合要求的器件仍然空白；在生理指标监测的基础上，能够进行主动式给药（如胰岛素）或干预的柔性智能系统有待发展；针对特定人群的需要，模仿人类和动植物功能，发展拟态新型可穿戴器件，如模仿人类和动物的感觉系统，研制痛觉感知电子皮肤，以满足先天性无痛症或因意外失去痛觉的患者的需求；对严重环境危害信号（如病毒、过敏原、危险气体、强磁场等）实时检测和预警的柔性可穿戴器件的研究还显著不足等。总之，针对生命体健康、医疗、安全和信息交流的关键需求，基于对材料结构和器件工作原理的创新，在新功能、高性能、智能化柔性可穿戴电子器件的研制方面仍需着力突破。

柔性可穿戴系统的低成本、规模化加工和集成是其最终走向实用化的必经之路。构建具有实际应用价值的可穿戴系统，需要将孤立的功能单元有机集成在一起，使其同时具备传感、供能、信号转导及响应、交互等功能[87]。除其中功能单元需具有柔性外，各个功能单元彼此之间的连接方式也是决定系统是否满足柔性可穿戴需求的关键因素[88]。通过柔性导线进行连接是最早也是当前最广泛使用的集成方式，具有工艺简单、灵活性强的优点，但繁杂的导线连接往往影响穿戴舒适性、美观性，并会增大器件失效概率。十余年来，印刷电子技术蓬勃发展，印刷电子技术基于含有纳米材料或者有机功能分子的液体材料和先进的印刷设备创建电子电路，具有成本低、生产效率高、可集成、可定制、工艺简单环保的特点，而且通过印刷工艺可实现传感、供能、显示等多种功能元件的一体化成型和集成，具有很大的发展潜力。多功能柔性器件的研制也可以简化器件构筑流程和加工方法，如发展具有同时检测温度、压力、应变、湿度等信号的传感器，但如何使其各功能互不干扰乃至相互协同是重要挑战。开发新型的无源或自供电器件，从而减少功能单元以简化器件结构和加工过程，也是重要的发展方向之一，2018 年，日本理化研究所的研究人员发展了一种基于纳米图案化有机太阳能电池的自供电超柔性生物传感器，简化了器件结构、消除了外部电源噪声干扰，实现了对心率的实时精准监测[89]。针对传统的平面集成结构存在空间利用率低的缺点，设计新型的多层级器件结构和集成工艺也将提升可穿戴系统的稳定性和规整性。另外，信号传输是柔性可穿戴系统不可或缺的功能，与传统有线连接相比，无线连接显然更契合柔性穿戴的需要，通过蓝牙、近场无线通信、无线局域网、紫蜂（ZigBee）等方式与手机、电脑等移动终端连接，可免除有线连接的弊端，使信息的获取更加及时、直观和便捷[90]。美国西北大学的研究人员展示了一种能够精确、连续测量人体温度和压力的柔性可穿戴集成系统。它具有无线供电和无线信号传输功能，用于临床睡眠状况研究[91]。迄今，尽管研究者展示了具有传感和无线信号传输等功能的集成系统，但某些重要功能组件（如信号调理电路、数据处理和存储设备、信号传输元件等）还需柔性化，柔性系统的加工和集成工艺研究仍处于起步阶段，离具有实用化潜力的柔性可穿戴集成系统的低成本、规模化制造还有巨大的差距。

综上所述，在人类社会进入信息化、数字化时代的浪潮推动下，伴随着电子、化学、材料、物理、生命科学、AI 等领域的进一步发展和深度交叉融合，柔性可穿戴技术蓬勃发展朝着多功能化、集成式、智能化、绿色可持续化的方向迈进。在未来以“互联网＋”为主体的信息社会中，柔性可穿戴技术必将扮演举足轻重的角色。同时，疫情的发生也让我们深刻体会到了居家健康监测、远程诊疗、大数据采集等技术的重要价值。习近平总书记提出的“坚持面向世界科技前沿、面向经济主战场、面向国家重大需求、面向人民生命健康”为我国推动创新驱动发展、加快科技创新步伐指明了方向[92]。发展柔性可穿戴技术既与提升国家科技水平和培育高附加值产业集群密切相关，也与促进人民身体健康、提高生活品质乃至保障生命和国家安全息息相关。我国国家自然科学基金委员会化学科学部在 2018 年度进行全面学科调整时，专门设立了“柔性与可穿戴材料化学”，并于 2021 年调整为“柔性材料化学”。科学技术部也设立了多项与柔性可穿戴技术相关的重点研发计划项目。另外，国家自然科学基金委员会在2020年底发布的跨科学部的优先发展领域中，也明确列出了“柔性电子技术关键材料的设计制造与可靠性”“可延展柔性电子器件的性能、器件与人体/组织的自然黏附力学机制、生物兼容性与力学交互”等，体现了国家顶层对该领域的高度重视和支持。

从国家的急迫需要和长远需求出发，需要继续大力推动柔性可穿戴技术研究向纵深发展。从基础科学的角度出发，需要着力发展如下方面：通过化学方法创制多功能、可回收、可降解、自愈合、自黏附的柔性电子新材料和新结构；通过材料、结构或原理创新提升柔性电子器件感测能力，实现多信号、多模态、无创式生命体关键生理指标或周围环境信息的精准测量和解析；基于物理与化学原理创新，研制新型功能元件，发展具有类人和超人功能的新型电子器件，促进柔性电子器件在人体功能修复和提升、智能机器人及人机界面等领域的发展；发展具有创新形态和性能的柔性电子器件和系统，如电子毛发/纤维，可透气、可水洗的电子织物，半侵入式、可控降解式、感测-给药动态式柔性医疗器件，以及非接触式供能、远程供能或自供能型电子器件等，以使其更适用于人体穿戴和多样化的场景应用需求；设计多功能一体化的低能耗或零能耗柔性可穿戴智能系统；发展绿色低碳的柔性电子系统集成策略和制造工艺等。我们相信，在化学、材料、电子、生命、医学、AI等领域的交叉融合和通力合作下，柔性可穿戴技术将进一步突破人类的想象，不断向广度和深度进军，为提升生命健康、医疗技术、信息交互、AI、军事国防、航空航天等关键领域的技术水平带来变革性的影响。

本章参考文献

[1] Plastics Europe. Plastics—the Facts 2021. https://plasticseurope.org/knowledge-hub/plastics-the-facts-2021/[2023-05-18].

[2] Jehanno C, Alty J W, Roosen M, et al. Critical advances and future opportunities in upcycling commodity polymers. Nature, 2022, 603: 803-814.

[3] Gomollón-Bel F. Ten chemical innovations that will change our world: IUPAC identifies emerging technologies in chemistry with potential to make our planet more sustainable. Chemistry International, 2019, 41: 12-17.

[4] Gomollón-Bel F. Ten chemical innovations that will change our world: the developing science that will fight the pandemic and reshape the chemical landscape. Chemistry International, 2020, 42: 3-9.

[5] Hong M, Chen E Y X. Towards truly sustainable polymers: a metal-free recyclable polyester from biorenewable non-strained γ-butyrolactone. Angewandte Chemie International Edition, 2016, 55: 4188-4193.

[6] Hong M, Chen E Y X. Completely recyclable biopolymers with linear and cyclic topologies via ring-opening polymerization of γ-butyrolactone. Nature Chemistry, 2016, 8: 42-49.

[7] Tang X Y, Hong M, Falivene L, et al. The quest for converting biorenewable bifunctional α-methylene-γ-butyrolactone into degradable and recyclable polyester: controlling vinyl-addition/ring-opening/cross-linking pathways. Journal of the American Chemical Society, 2016, 138: 14326-14337.

[8] Zhao N, Ren C L, Li H K, et al. Selective ring-opening polymerization of non-strained γ-butyrolactone catalyzed by a cyclic trimeric phosphazene base. Angewandte Chemie International Edition, 2017, 56: 12987-12990.

[9] Shen Y, Zhao Z C, Li Y X, et al. A facile method to prepare high molecular weight bio-renewable poly(γ-butyrolactone) using a strong base/urea binary synergistic catalytic system. Polymer Chemistry, 2019, 10: 1231-1237.

[10] Shen Y, Xiong W, Li Y Z, et al. Chemoselective polymerization of fully biorenewable α-methylene-γ-butyrolactone using organophosphazene/urea binary catalysts toward sustainable polyesters. CCS Chemistry, 2021, 3: 620-630.

[11] Zhu J B, Watson E M, Tang J, et al. A synthetic polymer system with repeatable chemical recyclability. Science, 2018, 360: 398-403.

[12] Shi C X, Clarke R W, McGraw M L, et al. Closing the "one monomer-two polymers-one monomer" loop via orthogonal (de)polymerization of a lactone/olefin hybrid. Journal of the American Chemical Society, 2022, 144: 2264-2275.

[13] Shi C X, Li Z C, Caporaso L, et al. Hybrid monomer design for unifying conflicting polymerizability, recyclability, and performance properties. Chem, 2021, 7: 670-685.

[14] Li C J, Wang L Y, Yan Q, et al. Rapid and controlled polymerization of bio-sourced δ-caprolactone toward fully recyclable polyesters and thermoplastic elastomers. Angewandte Chemie International Edition, 2022, 61: e202201407.

[15] Li X L, Clarke R W, Jiang J Y, et al. A circular polyester platform based on simple gem-disubstituted valerolactones. Nature Chemistry, 2023, 15: 278-285.

[16] Xiong W T, Wu G, Chen S C, et al. Chemically recyclable copolyesters from bio-renewable monomers: controlled synthesis and composition-dependent applicable properties. Science China Chemistry, 2023, 66: 2062-2069.

[17] Tu Y M, Wang X M, Yang X, et al. Biobased high-performance aromatic-aliphatic polyesters with complete recyclability. Journal of the American Chemical Society, 2021, 143: 20591-20597.

[18] Yuan J S, Xiong W, Zhou X H, et al. 4-Hydroxyproline-derived sustainable polythioesters: controlled ring-opening polymerization, complete recyclability, and facile functionalization. Journal of the American Chemical Society, 2019, 141: 4928-4935.

[19] Xiong W, Chang W Y, Shi D, et al. Geminal dimethyl substitution enables controlled polymerization of penicillamine-derived β-thiolactones and reversed

depolymerization. Chem, 2020, 6: 1831-1843.

[20] Yuan P J,Sun Y Y, Xu X W, et al. Towards high-performance sustainable polymers via isomerization-driven irreversible ring-opening polymerization of five-membered thionolactones. Nature Chemistry, 2022, 14: 294-303.

[21] Wang Y C, Zhu Y N, Lv W X, et al. Tough while recyclable plastics enabled by monothiodilactone monomers. Journal of the American Chemical Society, 2023, 145: 1877-1885.

[22] Guo Y T, Shi C X, Du T Y, et al. Closed-loop recyclable aliphatic poly(ester-amide)s with tunable mechanical properties. Macromolecules, 2022, 55: 4000-4010.

[23] Abel B A, Snyder R L, Coates G W. Chemically recyclable thermoplastics from reversible-deactivation polymerization of cyclic acetals. Science, 2021, 373: 783-789.

[24] Häußler M, Eck M, Rothauer D, et al. Closed-loop recycling of polyethylene-like materials. Nature, 2021, 590: 423-427.

[25] Tsumura A, Koezuka H, Ando T. Macromolecular electronic device: field-effect transistor with a polythiophene thin film. Applied Physics Letters, 1986, 49(18): 1210-1212.

[26] Mei J G, Diao Y, Appleton A L, et al. Integrated materials design of organic semiconductors for field-effect transistors. Journal of the American Chemical Society, 2013, 135(18): 6724-6746.

[27] Shi W, Guo Y L, Liu Y Q. When flexible organic field-effect transistors meet biomimetics: a prospective view of the internet of things. Advanced Materials, 2020, 32(15): 1901493.

[28] Mizukami M, Cho S I, Watanabe K, et al. Flexible organic light-emitting diode displays driven by inkjet-printed high-mobility organic thin-film transistors. IEEE Electron Device Letters, 2018, 39(1): 39-42.

[29] Gu P H, Du S, Xie C Y, et al. 74-2: The excellent mechanical properties of novel polymer film and it's application in the foldable AMOLED displays. SID Symposium Digest of Technical Papers, 2019, 50(1): 1056-1059.

[30] Ersman P A, Lassnig R, Strandberg J, et al. All-printed large-scale integrated

circuits based on organic electrochemical transistors. Nature Communications, 2019, 10(1): 5053.

[31] Lee Y R, Trung T Q, Hwang B U, et al. A flexible artificial intrinsic-synaptic tactile sensory organ. Nature Communications, 2020, 11(1): 2753.

[32] Wu X H, Mao S, Chen J H, et al. Strategies for improving the performance of sensors based on organic field-effect transistors. Advanced Materials, 2018, 30(17): 1705642.

[33] Liu Y W, Guo Y L, Liu Y Q. High-mobility organic light-emitting semiconductors and its optoelectronic devices. Small Structures, 2021, 2(1): 2000083.

[34] Son D, Kang J, Vardoulis O, et al. An integrated self-healable electronic skin system fabricated via dynamic reconstruction of a nanostructured conducting network. Nature Nanotechnology, 2018, 13(11): 1057-1065.

[35] Minamiki T, Minami T, Kurita R, et al. Accurate and reproducible detection of proteins in water using an extended-gate type organic transistor biosensor. Applied Physics Letters, 2014, 104: 243703.

[36] 高清彩色墨水屏将至：EINK 发布 ACEP Gallery 4100 彩色电子纸 . https://einkcn.com/post/1629.html[2024-03-03].

[37] Huggins J, Wheeler M, Russell A, et al. OLCD in Automotive Applications: Enabling Curved and Non-rectangular form Factors with Conformable Displays. https://ieeexplore.ieee.org/document/9851375[2024-03-03].

[38] Mizukami M, Cho S, Watanabe K, et al. Flexible organic light-emitting diode displays driven by inkjet-printed high-mobility organic thin-film transistors. IEEE Electron Device Letters, 2018, 39(1): 39-42.

[39] News Staff. New Organic RFID Achieves 5X Bit Rate of Current Tags. https://www.science20.com/news_releases/new_organic_rfid_achieves_5x_bit_rate_of_current_tags[2024-03-03].

[40] Koezuka H, Tsumura A, Ando T. Field-effect transistor with polythiophene thin film. Synthetic Metals, 1987, 18: 699-704.

[41] Mccullough R D, Lowe R D. Enhanced electrical conductivity in regioselectively synthesized poly(3-alkylthiophenes). Journal of the Chemical Society,

Chemical Communications, 1992, (1): 70-72.

[42] Paloheimo J, Stubb H, Yli-Lahti P, et al. Field-effect conduction in polyalkylthiophenes. Synthetic Metals, 1991, 41(1/2): 563-566.

[43] Bao Z N, Dodabalapur A, Lovinger A J. Soluble and processable regioregular poly(3-hexylthiophene) for thin film field-effect transistor applications with high mobility. Applied Physics Letters, 1996, 69(26): 4108-4110.

[44] Sirringhaus H, Brown P J, Friend R H, et al. Two-dimensional charge transport in self-organized, high-mobility conjugated polymers. Nature, 1999, 401: 685-688.

[45] Mcculloch I, Heeney M, Bailey C, et al. Liquid-crystalline semiconducting polymers with high charge-carrier mobility. Nature Materials, 2006, 5(4): 328-333.

[46] Hamadani B H, Gundlach D J, Mcculloch I, et al. Undoped polythiophene field-effect transistors with mobility of $1cm^2V^{-1}s^{-1}$. Applied Physics Letters, 2007, 91(24): 243512.

[47] Tsao H N, Cho D, Andreasen J W, et al. The influence of morphology on high-performance polymer field-effect transistors. Advanced Materials, 2009, 21(2): 209-212.

[48] Tsao H N, Cho D M, Park I, et al. Ultrahigh mobility in polymer field-effect transistors by design. Journal of the American Chemical Society, 2011, 133(8): 2605-2612.

[49] Lee J, Han A R, Kim J, et al. Solution-processable ambipolar diketopyrrolopyrrole-selenophene polymer with unprecedentedly high hole and electron mobilities. Journal of the American Chemical Society, 2012, 134(51): 20713-20721.

[50] Kang I, Yun H J, Chung D S, et al. Record high hole mobility in polymer semiconductors via side-chain engineering. Journal of the American Chemical Society, 2013, 135(40): 14896-14899.

[51] Kim G, Kang S J, Dutta G K, et al. A thienoisoindigo-naphthalene polymer with ultrahigh mobility of $14.4cm^2/(V \cdot s)$ that substantially exceeds benchmark values for amorphous silicon semiconductors. Journal of the American Chemical Society, 2014, 136(26): 9477-9483.

[52] Dong H L, Jiang S D, Jiang L, et al. Nanowire crystals of a rigid rod conjugated polymer. Journal of the American Chemical Society, 2009, 131(47): 17315-17320.

[53] Chen H J, Guo Y L, Yu G, et al. Highly π-extended copolymers with diketopyrrolopyrrole moieties for high-performance field-effect transistors. Advanced Materials, 2012, 24(34): 4618-4622.

[54] Huang J Y, Mao Z P, Chen Z H, et al. Diazaisoindigo-based polymers with high-performance charge-transport properties: from computational screening to experimental characterization. Chemistry of Materials, 2016, 28(7): 2209-2218.

[55] Wang Z L, Shi Y B, Deng Y F, et al. Toward high mobility green solvent-processable conjugated polymers: a systematic study on chalcogen effect in poly(diketopyrrolopyrrole-*alt*-terchalcogenophene)s. Advanced Functional Materials, 2021, 31(38): 2104881.

[56] Yang J, Wang H L, Chen J Y, et al. Bis-diketopyrrolopyrrole moiety as a promising building block to enable balanced ambipolar polymers for flexible transistors. Advanced Materials, 2017, 29(22): 1606162.

[57] Zhu C G, Zhao Z Y, Chen H J, et al. Regioregular bis-pyridal[2,1,3]thiadiazole-based semiconducting polymer for high-performance ambipolar transistors. Journal of the American Chemical Society, 2017, 139(49): 17735-17738.

[58] Shi K L, Zhang W F, Gao D, et al. Well-balanced ambipolar conjugated polymers featuring mild glass transition temperatures toward high-performance flexible field-effect transistors. Advanced Materials, 2018, 30(9): 1705286.

[59] Ji Y J, Xiao C Y, Wang Q, et al. Asymmetric diketopyrrolopyrrole conjugated polymers for field-effect transistors and polymer solar cells processed from a nonchlorinated solvent. Advanced Materials, 2016, 28(5): 943-950.

[60] Tan P, Wang H F, Xiao F R, et al. Solution-processable, soft, self-adhesive, and conductive polymer composites for soft electronics. Nature Communications, 2022, 13: 358.

[61] del Castillo-Velilla I, Sousaraei A, Romero-Muñiz I, et al. Synergistic binding

sites in a metal-organic framework for the optical sensing of nitrogen dioxide. Nature Communications, 2023, 14: 2506.

[62] Li S, Wang H M, Ma W, et al. Monitoring blood pressure and cardiac function without positioning via a deep learning-assisted strain sensor array. Science Advances, 2023, 9: eadh0615.

[63] El-Kady, M F, Kaner, R B. Scalable fabrication of high-power graphene micro-supercapacitors for flexible and on-chip energy storage. Nature Communications, 2013, 4: 1475.

[64] Luo Z Z, Peng B Y, Zeng J P, et al. Sub-thermionic, ultra-high-gain organic transistors and circuits. Nature Communications, 2021, 12: 1928.

[65] Lopes P A, Santos B C, de Almeida A T, et al. Reversible polymer-gel transition for ultra-stretchable chip-integrated circuits through self-soldering and self-coating and self-healing. Nature Communications, 2021, 12: 4666.

[66] Li S, Zhang Y, Liang X P, et al. Humidity-sensitive chemoelectric flexible sensors based on metal-air redox reaction for health management. Nature Communications, 2022, 13: 5416.

[67] Liu W B, Duo Y N, Liu J Q, et al. Touchless interactive teaching of soft robots through flexible bimodal sensory interfaces. Nature Communications, 2022, 13: 5030.

[68] Zhu M L, Sun Z D, Chen T, et al. Low cost exoskeleton manipulator using bidirectional triboelectric sensors enhanced multiple degree of freedom sensory system. Nature Communications, 2021, 12: 2692.

[69] Crabb R L, Treble F C. Thin silicon solar cells for large flexible arrays. Nature, 1967, 213: 1223-1224.

[70] Tsumura A, Koezuka H, Ando T. Macromolecular electronic device: field-effect transistor with a polythiophene thin film. Applied Physics Letters, 1986, 49: 1210-1212.

[71] Gustafsson G, Cao Y, Treacy G M, et al. Flexible light-emitting diodes made from soluble conducting polymers. Nature, 1992, 357: 477-479.

[72] He C W, Cao M Q, Liu J B, et al. Nanotechnology in the Olympic Winter Games and beyond. ACS Nano, 2022, 16: 4981-4988.

[73] Kim D H, Lu N S, Ma R, et al. Epidermal electronics. Science, 2011, 333: 838-843.

[74] Khang D Y, Jiang H Q, Huang Y, et al. A stretchable form of single-crystal silicon for high-performance electronics on rubber substrates. Science, 2006, 311: 208-212.

[75] Kim D H, Ahn J H, Choi W M, et al. Stretchable and foldable silicon integrated circuits. Science, 2008, 320: 507-511.

[76] Ko H C, Stoykovich M P, Song J Z, et al. A hemispherical electronic eye camera based on compressible silicon optoelectronics. Nature, 2008, 454: 748-753.

[77] Hwang S W, Tao H, Kim D H, et al. A physically transient form of silicon electronics. Science, 2012, 337: 1640-1644.

[78] Jiang Y W, Zhang Z T, Wang Y X, et al. Topological supramolecular network enabled high-conductivity, stretchable organic bioelectronics. Science, 2022, 375: 1411-1417.

[79] Miyamoto A, Lee S, Cooray N F, et al. Inflammation-free, gas-permeable, lightweight, stretchable on-skin electronics with nanomeshes. Nature Nanotechnology, 2017, 12: 907-913.

[80] You I, Mackanic D G, Matsuhisa N, et al. Artificial multimodal receptors based on ion relaxation dynamics. Science, 2020, 370: 961-965.

[81] Lee S, Franklin S, Hassani F A, et al. Nanomesh pressure sensor for monitoring finger manipulation without sensory interference. Science, 2020, 370: 966-970.

[82] He J Q, Lu C H, Jiang H B, et al. Scalable production of high-performing woven lithium-ion fibre batteries. Nature, 2021, 597: 57-63.

[83] Shi X, Zuo Y, Zhai P, et al. Large-area display textiles integrated with functional systems. Nature, 2021, 591: 240-245.

[84] Zhang Z T, Wang W C, Jiang Y W, et al. High-brightness all-polymer stretchable LED with charge-trapping dilution. Nature, 2022, 603: 624-630.

[85] Zheng Y Q, Liu Y X, Zhong D L, et al. Monolithic optical microlithography of high-density elastic circuits. Science, 2021, 373: 88-94.

[86] Zeng S N, Pian S J, Su M Y, et al. Hierarchical-morphology metafabric for

scalable passive daytime radiative cooling. Science, 2021, 373: 692-696.

[87] Chung H U, Kim B H, Lee J Y, et al. Binodal, wireless epidermal electronic systems with in-sensor analytics for neonatal intensive care. Science, 2019, 363: eaau0780.

[88] Xu S, Yan Z, Jang K I, et al. Assembly of micro/nanomaterials into complex, three-dimensional architectures by compressive buckling. Science, 2015, 347: 154-159.

[89] Park S, Heo S W, Lee W, et al. Self-powered ultra-flexible electronics via nano-grating-patterned organic photovoltaics. Nature, 2018, 561: 516-521.

[90] Sundaram S, Kellnhofer P, Li Y Z, et al. Learning the signatures of the human grasp using a scalable tactile glove. Nature, 2019, 569: 698-702.

[91] Han S, Kim J, Won S M, et al. Battery-free, wireless sensors for full-body pressure and temperature mapping. Science Translational Medicine, 2018, 10: eaan4950.

[92] 吕诺, 田晓航 . 坚持“四个面向”加快科技创新——习近平总书记在科学家座谈会上的重要讲话指引科技发展方向 . https://www.gov.cn/xinwen/2020-09/13/content_5543052.htm[2020-09-13].

第五章

生命与健康

第一节 快速、灵敏与精准的病毒诊断

病毒是一种个体微小的寄生体，一般由蛋白质外壳包裹单链或双链的 RNA 或 DNA 构成。病毒只有寄生在宿主体内并借助宿主细胞才能完成自身的复制和繁衍，一些病毒可诱发高死亡率传染性疾病。在人类的历史长河中，病毒导致的传染病一直是人类面临的重大挑战，传染病具有不同于其他疾病的独特特征，其中最重要的是它的不可预测性和可能在全球造成的爆炸性影响[1]。例如，1918～1919 年，全世界暴发西班牙型流感，造成了全球约 5 亿人感染，数千万人死亡。2014 年西非暴发的埃博拉疫情造成一万多人感染，七千多人死亡[2, 3]。从 2019 年末暴发的新型冠状病毒（SARS-CoV-2）使全世界各国深受疫情困扰，给各国社会和经济带来前所未有的影响。由中外新冠疫情防控经验可知，对潜在感染者进行“检测、追踪、隔离”，能够有效地控制疫情发展。因

此，发展快速、灵敏与精准的病毒诊断技术对传染病防控、公共卫生事件响应及患者的及时治疗等诸多方面具有非常重要的意义。

依据病毒本身的化学组成及宿主感染病毒后所引起的机体反应，对病毒及相关疾病的检测主要有三种方法。第一种方法是病毒的分离培养，这是一种较为古老的基于科赫法则的检测方法。该方法通过病毒感染相应的细胞后增殖，并利用细胞病变效应和电子显微成像等手段对病毒进行鉴定与检测，是病毒鉴定的金标准[4]。第二种方法是病原学检测，主要检测病毒自身的特异性分子，如测定病毒核酸或病毒蛋白等。聚合酶链式反应（polymerase chain reaction，PCR）技术，结合荧光等光学信号的输出，实现了对病毒核酸的检测。该方法耗时较长，但作为准确率高的诊断方法，在当前的 SARS-CoV-2 病毒检测中作为一种金标准进行使用[5]。当病毒处于活跃复制期，细胞裂解后释放病毒，血液中会出现大量病毒抗原，如人类免疫缺陷病毒 1 型（human immunodeficiency virus type 1，HIV-1）感染后血液中出现的 p24 抗原、乙肝病毒感染后出现的乙肝表面抗原等。抗原的检测方法有很多，如酶联免疫吸附测定（enzyme linked immunosorbent assay，ELISA）、免疫荧光分析、免疫印迹法及侧流免疫层析测定（lateral flow immunochromatography assay，LFIA）等，这些方法大都基于抗原–抗体的相互作用，然后结合光学或其他信号输出策略实现检测。第三种方法是血清学检测，主要检测宿主对病毒的反应所产生的特异性抗体，该方法的原理和第二种方法相同。例如，20 世纪 80 年代发展的胶体金免疫层析检测法（colloidal gold-based immunochromatographic assay，GICA）是以胶体金作为示踪标志物，基于抗原抗体的结合实现检测的方法。目前已开发出很多胶体金法抗体检测试剂盒用于诊断甲肝、丙肝、人类免疫缺陷病毒、新冠病毒等引起的感染。然而，这三种方法都存在明显的不足：经典的微生物分离鉴定麻烦、费时，难以满足致病微生物快速检测的需求；基于病原核酸的检测方法检测灵敏度高，但需要复杂的核酸抽提过程，容易出现假阳性；免疫学方法因基于抗体对病原的特异性识别作用而具有较好的特异性，但在检测灵敏度上颇有不足。

近年来，虽然各种新技术的应用丰富了我们应对病毒的检测手段和方法，但是面对复杂多变的新发、再发传染病，我们仍然面临着诸多巨大挑战：①高/超灵敏病原检测；②结果的准确性和可信度；③在保证灵敏度和准确度的同时提高检测速度；④复杂样本处理与检测流程的整合与统一；⑤不同应用场景下的适用性；⑥未知病原的快速鉴定；等等。

随着分子生物学、合成生物学、纳米科学、生物微机电系统（Bio-MEMS）、传感技术、单分子测序与AI等领域的不断发展与交叉融合，当代的病毒与疾病诊断技术飞速发展，并衍生出众多新型病毒诊断策略以弥补传统诊断中存在的一些局限（图5-1）。例如，基于成簇规律间隔短回文重复（clustered regularly interspaced short palindromic repeat，CRISPR）系统的核酸识别、从头设计（*de novo* design）的识别分子及核酸适配体与基因线路等，融合了现代生物学发展的合成生物技术，催生了新型的识别探针。2016年，基思·帕迪等在纸平台上通过等温病毒RNA扩增技术结合toehold开关传感器实现了快速、低成本的寨卡病毒检测；利用CRISPR-Cas9的特异性识别能力开发了具有单碱基分辨率寨卡病毒分型检测方法[6]。2020年，詹姆斯·布劳顿等报道了基于CRISPR-Cas12及逆转录环介导等温扩增（reverse transcriptase loop-mediated isothermal amplification，RT-LAMP）技术的横向流动分析法用于从呼吸道拭子中检测 SARS-CoV-2 病毒 RNA。该方法可在 40min 内完成检测且准确率高[7]。2021 年，纳塔利·卡切罗夫斯基等通过指数富集的配体系统进化（systematic evolution of ligands by exponential enrichment，SELEX）技术筛选出新的SARS-CoV-2 病毒“化学抗体”即适配体，并利用该适配体成功构建了灭活的 SARS-CoV-2 病毒检测横向流动分析法和 ELISA 法[8]。该方法不需要像传统 ELISA 法一样使用抗体，大大降低了检测试剂的制备难度。2020 年，阿尔弗雷多·基亚诺·鲁比奥等利用蛋白质从头设计的方式成功地开发出了抗凋亡蛋白 BCL-2、IgG1 Fc 结构域、HER2 受体及新冠病毒的特异性识别分子[9]。这种新型的蛋白质分子设计手段能够为病毒感染等疾病提供快速设计检测工具的能力。上述的新型生物探针能够显著地改善病毒检测中的特异性、灵敏性和准确性，提高生物安全相关事件的响应速度。

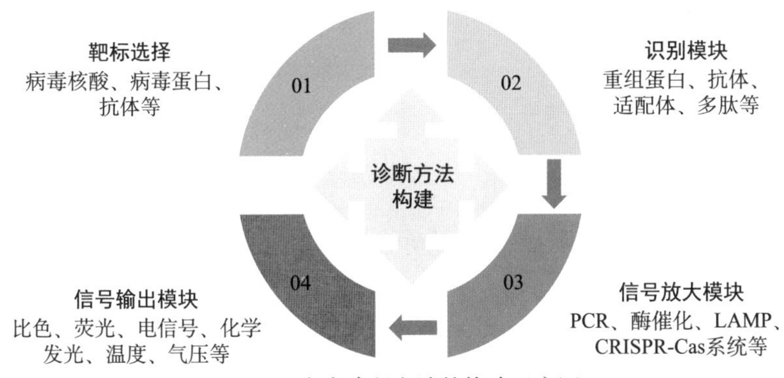

图 5-1　病毒诊断方法的构建示意图

新型纳米材料和先进传感技术的应用可以显著改善信号转换过程中的信号放大功能。2012 年，罗伯托·德拉里卡和莫莉·史蒂文斯报道了一种新型的裸眼超灵敏 ELISA 方法，可实现血清中 HIV-1 病毒 p24 抗原的检测。该方法可能有助于在资源有限的国家实现 HIV 病毒感染的诊断[10]。王龙威等利用二硫化钼垂直异质结纳米结构显著提升了酶催化稳定性和分析性能，对待测生物分子具有更大的动态传感范围[11]。2021 年，香港大学刘宏等构建了超快、高灵敏的手持式新冠抗体生物传感器，可以实现新冠抗体从 10 fmol/L 到 100 nmol/L 的快速检测[12]；2022 年，复旦大学王立倩等构建了一种基于 DNA 探针的石墨烯场效应晶体管传感器，通过将化学信号转变成电信号，实现鼻咽拭子样本中 SARS-CoV-2 病毒 RNA 的高灵敏检测。该方法无须进行病毒 RNA 的提取及扩增，在 4min 内即可完成病毒的快速检测，检出限最低达 10～20 拷贝 /mL，使得即测即走型病毒核酸检测成为可能[13]。在新冠疫情期间，大量的生物电学测量方法被广泛地应用于新冠病毒相关检测研究，这也凸显了生物传感器在非标记检测、实时传感方面的优势。

纳米材料与传感器要发挥最佳性能，离不开具有特异性识别能力的生物分子对其进行修饰。传统的随机化学交联会损伤生物分子的活性，而依赖于自组装或酶促催化的分子连接技术不仅能最大限度地保持分子活性，还能有效地提高疾病检测的灵敏度、稳定性和可靠性。2009 年，朴振生等利用自组装病毒样纳米颗粒展示抗体，将其用于免疫分析，从而大幅提高了检测灵敏度[14]；2018 年，门冬等开发了自组装的 3D 生物探针，能够显著提高抗原–抗体的相互作用，改善免疫分析中对目标分子的捕获[15]；2020 年，玛雅 · 诺曼等构建了基于荧光法的复合检测策略，用于定量检测血清中抗 SARS-CoV-2 病毒的 IgG、IgM 和 IgA 抗体水平。该策略与标准 ELISA 法相比，灵敏度提高了 1000 倍[16]。2018 年，张先恩与樊春海团队对分子自组装与传感界面的构建进行了综述，阐述了对特异性结合分子的分子取向与空间排布理性设计，能够明显地改善病毒与疾病检测的稳定性与灵敏度[17]。

除此以外，多种新兴技术在病毒的诊断中发挥着越来越重要的作用，如微流控芯片、数字 PCR、纳米孔测序与 AI 等。微流控技术能够将整个诊断过程整合，大幅降低对技术操作的依赖程度，同时通过可靠的封装技术，可将整个病毒检测的过程密封起来。这种复杂功能的小型化和集成化，适应更多的检测场景，如居家诊断和在欠发达地区开展诊断等。在此方面，谭蔚泓和陈春英团队从化学生物学的角度，探讨和总结了目前新冠病毒的快速检测、分型和传染源确定的分子基础，指出快速、灵敏的检测方式正逐步革新病毒的分子诊断技术[18]。随着 AlphaFold 和 DeepMind 等 AI 和机器学习方法的发展，构建抗体优化的深度学习框架，能提高现有新冠抗体的中和活性及广谱性[19]。2020 年底，多种先进的检测技术手段在欧美迅速产业化，形成了新的竞争优势，除老牌的诊断公司外，卢西拉健康（Lucira Health）、库埃健康（Cue Health）等公司基于新原理的家用新冠病毒床旁检测（point of care testing，POCT）产品在美国食品药品监督管理局（Food and Drug Administration，FDA）获批并开始应用。这些新技术的运用正在逐渐改变我们用于病毒的检测研究方法。

在保障人民生命健康与提高生活质量的重要研究领域，快速、灵敏与精准的病毒和疾病诊断技术仍然需要大力推动和发展。尽管目前已发展的众多的诊断方法能够实现对病毒感染者的大规模筛查，但我们依然面临着诸多挑战。第一，很多的诊断方法需要使用昂贵的仪器，在资源匮乏的落后地区不易实现。第二，大部分诊断方法需要烦琐的操作步骤及较长的检测时间，这将极大地影响我们在面对突发病毒疫情中的检测能力及大规模筛查速度。第三，目前大部分的检测手段均需要经验丰富的专业人员进行操作，很难实现居家自查和初筛。期待未来，随着化学、纳米科学、生物医学等学科的不断发展，更多的标志物识别及信号报告手段将不断涌现，推动成果转化以实现更快速、更精准、高灵敏的病毒诊断。第四，相信机器学习和 AI 技术的开发也能够加速病毒检测与诊断等相关智慧医疗的发展，助力人民生命健康。

第二节　超分子化疗

化学治疗（简称化疗）是肿瘤临床治疗最重要的手段之一。然而，常用的化疗药物存在对正常细胞毒副作用大、对肿瘤细胞的专一性低等问题。为解决这些问题，张希等提出了“超分子化疗”的新策略[20]，致力于利用超分子方法降低化疗药物的毒副作用并提高其抗肿瘤活性。超分子化疗从临床抗癌药物出发，通过主客体相互作用将大环主体与药物客体结合，构筑超分子化疗药物。大环主体分子包括葫芦脲、环糊精、柱芳烃及杯芳烃等。利用超分子化学的优势，可以解决化疗药物在临床使用中的一些局限性，如可提升药物的溶解性及稳定性等。此外，超分子化疗策略可以提高化疗药物的疗效，显著降低化疗药物对正常组织的毒副作用。国内外研究学者围绕超分子化疗策略开展了系统深入的研究，表明其在减毒增效、药物联用、精准递送及可控释放等方面具有独到的优势。

超分子化疗策略的物理化学基础是大环主体分子对药物分子的精准识别，以及对药物活性位点的有效包结。其本质是各种动态可逆非共价相互作用的协同效应。大环主体分子的包结既可以提升药物的溶解性与稳定性，进而提高药物的生物利用度，也可以隔离药物与正常组织的结合，从而减轻毒副作用。2017 年，张希等利用葫芦 [7] 脲包结奥沙利铂，降低了药物对正常细胞的毒性，并且消耗肿瘤标志物精胺来竞争置换释放奥沙利铂，协同增强了药物的抗肿瘤活性，从而实现了减毒增效[20]。舍曼等利用葫芦 [7] 脲包结替莫唑胺，延长了药物在血液循环的半衰期，显著提升了药物的活性[21]。为了提高大环主体分子对药物的精准识别和稳定包结，对大环分子进行修饰是一种行之有效的方法，如亲水改性、电荷修饰等。黄飞鹤等设计了羧酸修饰的亲水性柱 [6] 芳烃，增强了氮芥类药物的水溶性、生物相容性及穿膜能力[22]。伊萨克等设计了一类亲水性开环葫芦脲，利用其开环结构的灵活性，可以精准识别 10 余种抗癌药物，显著增加了药物的溶解性（约 23～2750 倍），同时降低了药物对肝、肾等器官的毒副作用[23]。

超分子化疗策略不仅需要稳定包载药物，而且需要高效释放药物。缓释与控释是常见的两种药物释放形式。其中，控释更有利于药物在病灶部位的精准投递，实现靶向递送。目前，超分子化疗主要通过两种途径实现控释：一是在病灶部位改变主体的结构和性质，降低其对包载药物的结合能力；二是利用竞争性的主客体相互作用，由生物标志物置换释放药物。例如，基于肿瘤酸性微环境响应，马达等设计了柠康酐和马来酸酐修饰的开环葫芦脲，将其作为药物载体[24]。在肿瘤酸性环境下，开环葫芦脲发生电荷反转，与药物的结合能力大幅降低，从而特异性释放药物。基于肿瘤乏氧微环境响应，郭东升等设计了一系列羧基偶氮杯芳烃，对多种化疗药物（如阿霉素、喜树碱、紫杉醇等）均展现出较强的包结作用[25]。在肿瘤乏氧环境下，偶氮键被还原断裂，破坏了杯芳烃深穴空腔，药物得以在肿瘤部位循环蓄积，从而在降低给药剂量条件下仍表现出良好的治疗效果。针对肿瘤组织过表达的谷胱甘肽，徐江飞等设计了可激活的主客体缀合物来包载药物，提出了通过触发自包结释放药物的新策略[26]。在正常组织中，主客体缀合物可以稳定包载药物，有效提高了药物的溶解度与稳定性；在肿瘤组织中，过表达的谷胱甘肽还原切断主客体缀合物中的二硫键，以此触发了分子内自包结，高效地竞争释放了药物分子。针对肿瘤组织过表达的三磷酸腺苷，郭东升等设计了胍基修饰的两亲性杯芳烃，提出了生物标志物置换激活策略[27]。在肿瘤部位，过表达的三磷酸腺苷可以将药物从胍基修饰的杯芳烃中竞争置换出来，从而发挥药效。基于肿瘤微环境响应及生物标志物置换释放的超分子化疗体系，既能充分保护药物，实现药物的安全稳定运载，又能高效释放药物，实现药物的靶向累积，这对化疗药物的减毒增效具有重要的意义。

为了进一步提高药物的抗肿瘤活性，张希等将超分子化疗策略与聚合物疗法相结合，发展出了聚合物超分子化疗策略[28]。具有多结合位点的主体聚合物不仅可以增强药物的多价协同效应，而且可以实现多种药物分子、多种功能基团及多种治疗方式的高效联合应用，从而增强对肿瘤的治疗效果。戴维斯等设计了含喜树碱和 β-环糊精的单链聚合物，利用多重主客体相互作用制备了稳定的超分子纳米粒子，提升了药物在肿瘤部位的累积。该药物目前正处于临床二期试验中[29]。张希、赵宇亮、易宇等设计了主链为葫芦 [7] 脲与聚乙二醇交替的聚合物，将其作为多肽药物的载体，在降低药物毒性并提高抗肿瘤活性的同时，进一步提升了多肽在体内的长循环稳定性及在肿瘤部位的富集[30]。在此基础上，他们提出了超分子联合化疗策略，由葫芦脲聚合物同时包结化疗药物与多肽药物，继而自组装制备了纳米药物。利用肿瘤酸性微环境响应实现了化疗与多肽联合药物的充分释放，并有效克服了肿瘤细胞的耐药性[31]。陈小元等设计了喜树碱 /β−环糊精超分子单体，构建了超分子聚合物纳米药物，同时引入了靶向基团和成像基团，实现了肿瘤的诊疗一体化[32]。聚合物超分子化疗策略为超分子化疗的发展提供了新的思路，在药物联用、功能集成及精准释放等方面开辟了广阔的应用前景。

近年来，虽然超分子化疗策略得到了广泛的关注并取得了一系列可喜的进展，但该领域仍面临着诸多挑战（图 5-2）。在基础研究方面，设计和发展新的超分子化疗体系需要考量的因素如下。①稳定运载：超分子化疗药物在血液循环过程中不能过早地稀释解组装，这就需要大环主体与药物之间具有强的结合能力，同时大环主体需要对药物活性位点有效屏蔽，减少药物对正常组织器官的毒副作用。②精准释放：超分子化疗药物经血液循环运送至肿瘤部位后，利用肿瘤微环境精准控制药物从大环主体中充分释放，实现药物在肿瘤部位的累积，进而恢复乃至增强药物抗肿瘤活性。③药物联用：联合使用具有不同作用机制的化疗药物，避免长期大量使用单一药物，以在提高疗效的同时，降低毒副作用并延缓产生耐药性。④功能集成：将响应功能、靶向功能及诊断 / 成像功能整合到超分子化疗中，实现高效精确的治疗或诊疗。

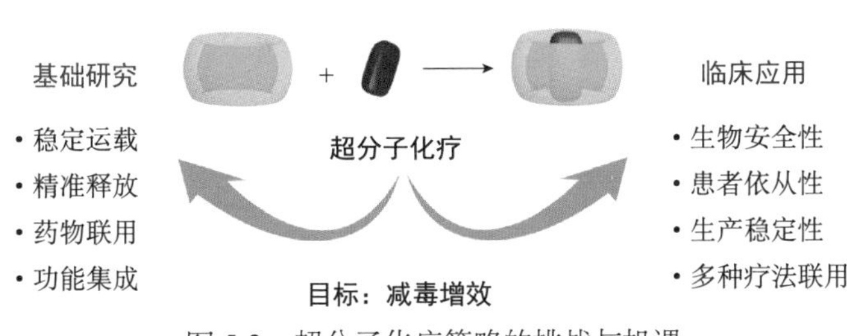

图 5-2　超分子化疗策略的挑战与机遇

在临床应用方面，超分子化疗策略则有以下方面需要关注。

①生物安全性：超分子化疗的研究多数集中于体外或啮齿动物模型中，为了更好地推进临床应用，应当在公认的临床前模型中更充分地研究各类超分子药物的稳定性、安全性，以及在生物体中的分布、代谢和药代动力学等。此外，大环载体同样需要在临床相关模型上详细研究大剂量和长期毒性、血液毒性、免疫毒性、过敏反应、生殖毒性和遗传毒性等。②患者依从性：肿瘤治疗通常是一个长期的过程，较重的毒副作用和长期的静脉注射均会降低患者的生活质量和治疗依从性。设计和开发口服类超分子化疗药物会给用药和治疗带来便捷，有利于提高患者的治疗依从性。同时，我们应更加注重在治疗过程中降低或缓和药物带来的毒副作用，减少患者疼痛感，提高其生活质量。③生产稳定性：超分子化疗药物需具有明确的结构及简便的制备工艺，在批量生产过程中保证超分子药物的质量可靠，避免各批次之间的差异。在生产制备中还需要控制成本，降低患者的经济负担。④多种疗法联用：单一疗法总是具有一定的缺陷，容易产生耐受性。将超分子化疗与多种治疗方法联用，如手术治疗、放射治疗、靶向治疗、免疫治疗等，可以起到降低不良反应、增强治疗的协同互补效果、提高患者持续用药的依从性及延缓耐受性的产生等作用。

超分子化疗面临的基础研究和临床应用等方面的挑战不容忽视，实际上也为研究学者提供了诸多机遇和想象空间。虽然目前还尚未有临床批准的超分子化疗药物，相信在化学、生物学、材料学研究学者及临床医生的跨学科合作下，超分子化疗研究将面向人民生命健康发挥更有力的支撑作用。

第三节　新型生物正交反应

生物正交反应（bioorthogonal reaction）是指可以在生物体系中进行，且不会与天然生物化学过程相互干扰的一类化学反应。生物正交反应为科学家们对生命过程的研究带来了革命性的技术，是化学、生物学领域的核心方向之一。生物正交反应的要求极为苛刻，水相、中性、常温、常压等温和的反应条件是其能在生物体系中进行的基本前提，而高反应特异性和无生物毒性则是不与天然生物化学过程相互干扰的必要条件。因此，尽管有机化学家已经开发出成千上万种化学反应，但能用于生物大分子或者活细胞中的生物正交反应屈指可数，而能用于活体动物中的生物正交反应更是凤毛麟角。生物正交反应尽管还处于快速发展阶段，但是在活体成像、生物机制解析与功能调控、疾病诊断、药物开发等生命科学和医学前沿研究中展现了巨大的潜力。因此，针对生物正交反应的研究，尤其是开发新型、高效的生物正交反应，具有十分重要的科学意义和应用价值。

早期的生物正交反应主要是指偶联反应，用于在复杂生命环境中对目标生物分子进行特异标记、连接或修饰改造等，其发展简史如图 5-3 所示。1994 年，斯蒂芬・肯特（Stephen Kent）教授发展了名为“自然化学连接”（native chemical ligation）的反应模式，通过在多肽的 C 端修饰巯酯作为离去基团，使其具备了与 N 端为半胱氨酸的多肽偶联形成天然肽键的能力，实现了较大蛋白质的拼装合成，被认为是生物正交反应的雏形之一[33]。诺贝尔奖得主钱永健（Roger Tsien）教授随后于 1998 年开发了荧光素-

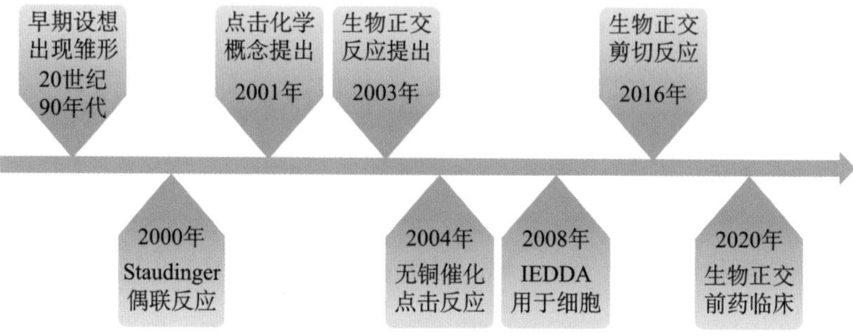

图 5-3　生物正交反应的发展历史

砷发卡结合体（fluorescein arsenical hairpin binder，FlAsH），利用含砷荧光化合物和巯基结合后的荧光猝灭现象，选择性标记“CCXXCC”氨基酸序列，成为活细胞中蛋白质标记的开端[34]。2000 年，卡罗琳·贝尔托齐（Carolyn Bertozzi）教授通过巧妙的化学设计，将施陶丁格还原反应改造成为叠氮-膦基酯偶联反应[又称为施陶丁格偶联反应（Staudinger ligation)]，并将其用于细胞表面糖的工程化修饰。该反应的开发标志着真正意义上的生物正交反应初露端倪[35]。然而，该反应的速率较慢[k_2 = 0.003 L/(mol·s)]，极大限制了其在生物体系中的应用。同时期的著名有机化学家、诺贝尔化学奖获得者巴里·沙普利斯（Barry Sharpless）教授于 2001 年提出了广为人知的点击化学（click reaction）构想[36]，并与莫滕·梅尔达尔（Morten Meldal）教授[37]分别报道了一价铜离子催化的叠氮-炔基环加成反应[k_2 = 10～100 L/(mol·s)]，可实现生物正交反应基团的高效连接。在以上工作的基础上，贝尔托齐教授于 2003 年正式提出了“生物正交反应”的概念，为这一领域的发展奠定了理论基础。然而，尽管点击化学取得了巨大的成功，但一价铜离子较高的生物毒性限制了其在活细胞中的应用。受点击化学的启发，贝尔托齐教授于 2004 年报道了不需催化剂的叠氮-环辛炔环加成反应[38]，利用环辛炔本身的高张力降低反应活化能，从而实现了无铜催化点击反应（copper-free click reaction），开启了生物正交反应的研究热潮。基于环辛炔的无铜催化点击反应虽然具有种种优势，但其速率仍然较慢 [k_2 = 0.001 ～ 1 L/(mol·s)]，且高张力炔烃有受到生物环境中高浓度巯基亲核进攻的潜在问题。2008 年，约瑟夫·福克斯（Joseph Fox）教授报道了四嗪和反式环辛烯之间的生物正交偶联反应 [即逆电子需求的狄尔斯-阿尔德反应（inverse electron demand Diels-Alder reaction，IEDDA）][39]，利用反式环辛烯的环张力驱动，该反应具有优异的速率并得到了广泛应用 [k_2 ＞ 2000 L/(mol·s)]。最终，沙普利斯、梅尔达尔和贝尔托齐三位教授因“点击化学”和“生物正交反应”的提出与发展获得了 2022 年度诺贝尔化学奖。迄今，国内外的研究者已发展出十多种用于活细胞的生物正交反应，这些反应在活细胞生物成像、组学分析、疾病诊断、药物研发等领域发挥了重要作用，展现出持续的发展潜力。

随着研究的深入和应用的展开，生物正交反应的内涵也在不断拓展，在最初单一的偶联反应基础上，断键化学反应开始在前体药物的设计和可控释放等方面得以应用。人们虽然很早就认识到，以邻硝基苄基为代表的光敏基团可在紫外光的照射下发生分子内断裂，具有实现生命体系中选择性断键反应的能力。然而，紫外光能量高、光毒性强、组织穿透性弱等问题严重限制了此类反应的实际应用。相比之下，围绕小分子触发的化学剪切反应很好地规避了这一问题。马克·罗比拉德（Marc Robillard）课题组发现部分四嗪化合物与反式环辛烯发生环加成反应后[40]，可通过共轭消除反应脱除环辛烯释放出氨基，并用于小分子前药的可控激活。2014 年，我国学者陈鹏等结合遗传密码子扩展策略，报道了可在活细胞内生物大分子上进行的断键化学反应，开拓了在活细胞内研究蛋白质等生物大分子功能的新途径[41]，并在反应开发和生物应用等方面做出了系统性工作。随后，陈鹏团队于 2016 年正式提出“生物正交剪切反应”（bioorthogonal cleavage reaction）这一概念[42]，为生物正交反应领域拓展了全新的广阔天地。随着生物正交剪切反应的提出和系统性研究，其在蛋白质、核酸、糖类、脂类等生物分子的功能调控方面展示了巨大的优势和广阔的应用前景[43]。

经过二十多年的发展，生物正交反应虽然已经初具规模，且开始在各领域中崭露头角，但是依然有大量问题亟须解决。首先，目前的生物正交反应类型仍然较单一。传统的生物正交反应对炔基、叠氮等基团的依赖程度较高，而新兴的生物正交反应又通常伴随着底物较难合成、稳定性差等问题，这要求我们进一步开发不同类型的生物正交反应，以满足不同应用的需求。其次，已开发的大部分生物正交反应均难以在低浓度下满足高转化率、高反应速率的要求，较大地限制了其应用场景。再次，虽然生物正交反应的活性基团通常不会受到生物体系中常见官能团的影响，但诸如巯基、活性氧物种和溶酶体的强酸性环境等较活泼的内源因素有可能对具有特殊结构的生物正交反应基团造成干扰，从而导致生物正交性的下降。最后，以短波长光触发的生物正交反应受到光组织穿透性的限制，绝大多数无法在活体动物水平上得到应用。总之，该领域仍然充满了很多未知挑战，还需要更多的投入和持续的努力。

为了应对实际应用中所面临的挑战，以下几种新兴发展方向在生物正交反应研究领域逐渐凸显：①开发官能团更多样化的反应类型；②发展更具时间-空间分辨率的反应；③寻找更多控制生物正交剪切反应的手段；④拓展生物正交反应在活体动物和临床中的应用场景。新兴的生物正交反应已解决了许多生命科学与健康领域的问题，显示出自身强大的优势，部分应用如图 5-4 所示。例如，生物正交偶联反应常被用于生产抗体偶联药物（antibody-drug conjugates），用于肿瘤的靶向杀伤；对重要生物分子进行荧光标记与示踪，还可与组学技术、成像技术联用以协助疾病诊断。生物正交偶联反应则可原位激活荧光分子、生物大分子和前药分子等，展示出诱人的应用前景[44]。值得一提的是，2020 年，以生物正交剪切反应为基础的前药首次被报道进入人体临床试验阶段[45]，标志着生物正交反应的发展已进入与临床对接的全新阶段。近期，越来越多的新型反应及应用被相继报道，为该领域注入了新鲜的血液。例如，X 射线触发的叠氮基团还原反应被开发[46]，并结合前药激活技术实现了“放疗–化疗”共同作用的新型癌症治疗模

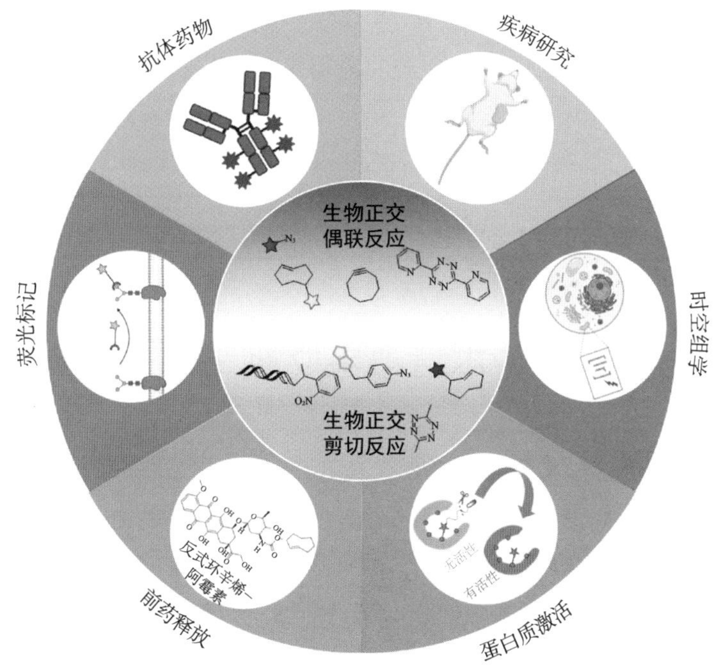

图 5-4　生物正交反应的广泛应用

式。我国学者也相继发展了新型可见光点击反应[47]、活细胞内药物原位合成[48]、生物活性分子可控释放[49]等一系列重要的反应和应用，为该领域的发展做出了非常突出的贡献。近期涌现的基于光催化生物正交反应的“化学-光控”协同策略，则通过光催化剂的空间靶向和外源光的精准控制，实现了生命过程的高时空分辨解析，开启了生物正交反应驱动的、具有时间-空间分辨的蛋白质组学（简称时空组学）新方向[50]。国家自然科学基金委员会也于2021年启动了“活体动物的生物正交反应”前沿导向重点项目群，集中支持该领域的重要研究工作，这将极大地推动我国在生物正交化学领域的发展。

综上，作为化学生物学领域的支柱方向之一，生物正交反应不仅为科学研究提供了革命性的技术，也为临床研究、疾病诊疗等带来了开创性的方法。在可预见的未来，该领域将持续开发新型、高效、实用的反应工具，并注重与活体动物乃至人体系统的相容性，不断拓展其丰富多彩的应用场景。我们相信，生物正交反应必能持续成为沟通分子科学与生命科学的重要桥梁，为人类健康保驾护航。

本章参考文献

[1] Fauci A S, Morens D M. The perpetual challenge of infectious diseases. The New England Journal of Medicine, 2012, 366: 454-461.

[2] Morens D M, Folkers Gy K, Fauci A S. The challenge of emerging and re-emerging infectious diseases. Nature. 2004, 430(6996): 242-249.

[3] Deen G F, Broutet N, Xu W B, et al. Ebola RNA persistence in semen of Ebola

virus disease survivors - final report. New England Journal of Medicine , 2017 , 377(15): 1428-1437.

[4] Pashchenko O, Shelby T, Banerjee T, et al. A comparison of optical, electrochemical, magnetic, and colorimetric point-of-care biosensors for infectious disease diagnosis. ACS Infectious Diseases, 2018, 4: 1162-1178.

[5] Peeling R W, Heymann D L, Teo Y Y, et al. Diagnostics for COVID-19: moving from pandemic response to control. Lancet, 2022, 399: 757-768.

[6] Pardee K, Green A A, Takahashi M K, et al. Rapid, low-cost detection of Zika virus using programmable biomolecular components. Cell, 2016, 165: 1255-1266.

[7] Broughton J P, Deng X D, Yu G X, et al. CRISPR-Cas12-based detection of SARS-CoV-2. Nature Biotechnology, 2020, 38: 870-874.

[8] Kacherovsky N, Yang L F, Dang H V, et al. Discovery and characterization of spike N-terminal domain-binding aptamers for rapid SARS-CoV-2 detection. Angewandte Chemie International Edition, 2021, 60: 21211-21215.

[9] Quijano-Rubio A, Yeh H-W, Park J, et al. *De novo* design of modular and tunable protein biosensors. Nature, 2021, 591: 482-487.

[10] de la Rica R, Stevens M M. Plasmonic ELISA for the ultrasensitive detection of disease biomarkers with the naked eye. Nature Nanotechnology, 2012, 7: 821-824.

[11] Wang L W, Li B, You Z, et al. Heterojunction of vertically arrayed MoS_2 nanosheet/N-doped reduced graphene oxide enabling a nanozyme for sensitive biomolecule monitoring. Analytical Chemistry, 2021, 93: 11123-11132.

[12] Liu H, Yang A N, Song J J, et al. Ultrafast, sensitive, and portable detection of COVID-19 IgG using flexible organic electrochemical transistors. Science Advances, 2021, 7: eabg8387.

[13] Wang L Q, Wang X J, Wu Y G, et al. Rapid and ultrasensitive electromechanical detection of ions, biomolecules and SARS-CoV-2 RNA in unamplified samples. Nature Biomedical Engineering, 2022, 6: 276-285.

[14] Park J S, Cho M K, Lee E J, et al. A highly sensitive and selective diagnostic assay based on virus nanoparticles. Nature Nanotechnology, 2009, 4: 259-264.

[15] Men D, Zhou J, Li W, et al. Self-assembly of antigen proteins into nanowires greatly enhances the binding affinity for high-efficiency target capture. ACS Applied Materials & Interfaces, 2018, 10: 41019-41025.

[16] Norman M, Gilboa T, Ogata A F, et al. Ultrasensitive high-resolution profiling of early seroconversion in patients with COVID-19. Nature Biomedical Engineering, 2020, 4: 1180-1187.

[17] Yang F, Zuo X L, Fan C H, et al. Biomacromolecular nanostructures-based interfacial engineering: from precise assembly to precision biosensing. National Science Review, 2018, 5: 740-755.

[18] Zhao Z L, Wang Y L, Qiu L P, et al. New insights from chemical biology: molecular basis of transmission, diagnosis, and therapy of SARS-CoV-2. CCS Chemistry, 2021, 3(1): 1501-1528.

[19] Shan S S, Luo S T, Yang Z Q, et al. Deep learning guided optimization of human antibody against SARS-CoV-2 variants with broad neutralization. Proceedings of the National Academy of Sciences of the United States of America, 2022, 119: e2122954119.

[20] Chen Y Y, Huang Z H, Zhao H Y, et al. Supramolecular chemotherapy: cooperative enhancement of antitumor activity by combining controlled release of oxaliplatin and consuming of spermine by cucurbit[7]uril. ACS Applied Materials & Interfaces, 2017, 9: 8602-8608.

[21] Appel E A, Rowland M J, Loh X J, et al. Enhanced stability and activity of temozolomide in primary glioblastoma multiforme cells with cucurbit[*n*]uril. Chemical Communications, 2012, 48: 9843-9845.

[22] Shangguan L Q, Chen Q, Shi B B, et al. Enhancing the solubility and bioactivity of anticancer drug tamoxifen by water-soluble pillar[6]arene-based host-guest complexation. Chemical Communications, 2017, 53: 9749-9752.

[23] Ma D, Hettiarachchi G, Nguyen D, et al. Acyclic cucurbit[*n*]uril molecular containers enhance the solubility and bioactivity of poorly soluble pharmaceuticals. Nature Chemistry, 2012, 4: 503-510.

[24] Mao D K, Liang Y J, Liu Y M, et al. Acid-labile acyclic cucurbit[*n*]uril molecular containers for controlled release. Angewandte Chemie International

Edition, 2017, 56: 12614-12618.

[25] Zhang T X, Zhang Z Z, Yue Y X, et al. A general hypoxia-responsive molecular container for tumor-targeted therapy. Advanced Materials, 2020, 32: 1908435.

[26] Wu H, Wang H, Qi F L, et al. An activatable host-guest conjugate as a nanocarrier for effective drug release through self-inclusion. ACS Applied Materials & Interfaces, 2021, 13: 33962-33968.

[27] Hu X Y, Gao J, Chen F Y, et al. A host-guest drug delivery nanosystem for supramolecular chemotherapy. Journal of Controlled Release: Official Journal of the Controlled Release Society, 2020, 324: 124-133.

[28] Chen H, Chen Y Y, Wu H, et al. Supramolecular polymeric chemotherapy based on cucurbit[7]uril-PEG copolymer. Biomaterials, 2018, 178: 697-705.

[29] Cheng J J, Khin K T, Jensen G S, et al. Synthesis of linear, β-cyclodextrin-based polymers and their camptothecin conjugates. Bioconjugate Chemistry, 2003, 14: 1007-1017.

[30] Wang H, Yan Y Q, Yi Y, et al. Supramolecular peptide therapeutics: host-guest interaction-assisted systemic delivery of anticancer peptides. CCS Chemistry, 2020, 2: 739-748.

[31] Wang H, Wu H, Yi Y, et al. Self-motivated supramolecular combination chemotherapy for overcoming drug resistance based on acid-activated competition of host-guest interactions. CCS Chemistry, 2021, 3: 1413-1425.

[32] Yu G C, Zhao X L, Zhou J, et al. Supramolecular polymer-based nanomedicine: high therapeutic performance and negligible long-term immunotoxicity. Journal of the American Chemical Society, 2018, 140: 8005-8019.

[33] Dawson P E, Muir T W, Clark-Lewis I, et al. Synthesis of proteins by native chemical ligation. Science, 1994, 266: 776-779.

[34] Griffin B A, Adams S R, Tsien R Y. Specific covalent labeling of recombinant protein molecules inside live cells. Science, 1998, 281: 269-272.

[35] Saxon E, Bertozzi C R. Cell surface engineering by a modified Staudinger reaction. Science, 2000, 287: 2007-2010.

[36] Kolb H C, Finn M G, Sharpless K B. Click chemistry: diverse chemical function from a few good reactions. Angewandte Chemie International Edition, 2001, 40: 2004-2021.

[37] Tornøe C W, Christensen C, Meldal M. Peptidotriazoles on solid phase: [1,2,3]-triazoles by regiospecific copper(I)-catalyzed 1,3-dipolar cycloadditions of terminal alkynes to azides. The Journal of Organic Chemistry, 2002, 67: 3057-3064.

[38] Agard N J, Prescher J A, Bertozzi C R. A strain-promoted[3+2] azide-alkyne cycloaddition for covalent modification of biomolecules in living systems. Journal of the American Chemical Society, 2004, 126: 15046-15047.

[39] Blackman M L, Royzen M, Fox J M. Tetrazine ligation: fast bioconjugation based on inverse-electron-demand Diels-Alder reactivity. Journal of the American Chemical Society, 2008, 130: 13518-13519.

[40] Versteegen R M, Rossin R, ten Hoeve W, et al. Click to release: instantaneous doxorubicin elimination upon tetrazine ligation. Angewandte Chemie International Edition, 2013, 52: 14112-14116.

[41] Li J, Jia S, Chen P R. Diels-Alder reaction-triggered bioorthogonal protein decaging in living cells. Nature Chemical Biology, 2014, 10: 1003-1005.

[42] Li J, Chen P R. Development and application of bond cleavage reactions in bioorthogonal chemistry. Nature Chemical Biology, 2016, 12: 129-137.

[43] Wang J, Wang X, Fan X Y, et al. Unleashing the power of bond cleavage chemistry in living systems. ACS Central Science, 2021, 7: 929-943.

[44] Kui W, Nathan A Y, Sangeetha S, et al. Click activated protodrugs against cancer increase the theraputic potential of chemotherapy through local capture and activation. Chemical Science, 2021, 12: 1259-1271.

[45] Geng J, Zhang Y C, Gao Q, et al. Switching on prodrugs using radiotherapy. Nature Chemistry, 2021, 13: 805-810.

[46] Li J B, Kong H, Huang L, et al. Visible light-initiated bioorthogonal photoclick cycloaddition. Journal of the American Chemical Society, 2018, 140: 14542-14546.

[47] Wang F M, Zhang Y, Liu Z W, et al. A biocompatible heterogeneous MOF-Cu

catalyst for *in vivo* drug synthesis in targeted subcellular organelles. Angewandte Chemie International Edition, 2019, 58: 6987-6992.

[48] Wang H Y, Li W G, Zeng K X, et al. Photocatalysis enables visible-light uncaging of bioactive molecules in live cells. Angewandte Chemie International Edition, 2019, 58: 561-565.

[49] Huang Z Y, Liu Z Q, Xie X, et al. Bioorthogonal photocatalytic decaging-enabled mitochondrial proteomics. Journal of the American Chemical Society, 2021, 143: 18714-18720.

[50] Liu Z Q, Xie X, Huang Z Y, et al. Spatially resolved cell tagging and surfaceome labeling via targeted photocatalytic decaging. Chem, 2022, 8: 2179-2191.

第六章

绿色合成化学与技术

第一节　酶促碳—碳、碳—氧、碳—氮成键反应

一、研究方向的重要性

近年来，合成生物学的快速发展和应用受到广泛关注，其中各种天然产物的生物合成受到有机化学家、生物化学家和药物化学家的共同瞩目。目前发现的萜类化合物已经超过 8 万种，其生物合成涉及碳—碳、碳—氧和碳—氮等典型的酶促成键反应[1]。但是，关键性科学问题——酶的结构与功能之关系迄今仍不清楚，导致酶的催化效率不高、底物谱有限，理性设计和分子改造十分艰难。

以抗癌明星分子紫杉醇为例，它是由 47 个碳原子组成的多环化合物，总共有 11 个立体中心，其中包含 7 个连续的手性中心，还有一个季碳手性中心。紫杉醇最初在红豆杉树皮中被发现。由于其含量极低（约 0.004%），因此治疗一个患者至少需要砍伐 3 棵 70 年树龄的红豆杉。1994 年，科学家实现了紫杉醇的化学全合成，总共经历 51 步，收率大约 0.4%[2]；我国化学家李闯创进行了再创新，总共只需 21 步，收率为 0.118%[3]。在生物合成方面（图 6-1），科学家也付出巨大努力，2010 年通过代谢工程大肠杆菌分批补料发酵，获得紫杉醇的母核——紫杉烷（或称紫杉二烯），最高产量达 1 g/L[4]。然而，从紫杉二烯到紫杉醇中间体“巴卡亭”还需经历八步碳氧化修饰，其中许多酶的基因还未实现异源表达和表征，其催化机制和构效关系更不清楚，严重阻碍了紫杉醇的从头生物合成[5]。目前，紫杉醇的批量合成不得不采用半合成法，即从可再生的红豆杉树叶中提取获得含量相对较多的巴卡亭中间体，然后再通过化学合成或植物细胞转化得到最终产物紫杉醇。

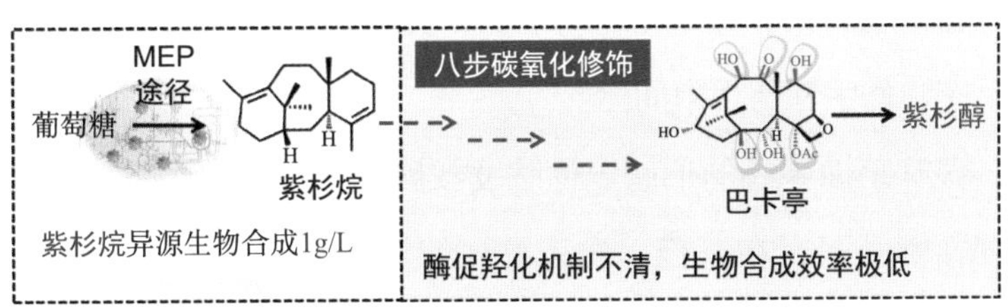

图 6-1　紫杉醇的生物合成途径示意图

MEP（2-*C*-methyl-D-erythritol-4-phosphate，甲基赤藓醇磷酸）

二、简要发展历史和重要进展

碳碳键的形成无疑是有机合成中最基础的化学反应，它是单元砌块偶联成为有机功能分子骨架的重要使能技术。除萜类化合物生物合成中用于异戊二烯砌块环合反应的环化酶[1]之外，过去常用于催化碳—碳成键的酶还有醛缩酶、羟腈裂解酶、转酮酶及硫胺素（ThDP）依赖性碳连接酶[6-10]。近年来报道的碳—碳键酶促合成新方法包括[11-14]：弗里德-克拉夫茨反应（Friedel-Crafts reaction）、三氟甲基化、卡宾转移酶反应、第尔斯-阿尔德反应（Diels-Alder reaction）、皮克特-施彭格勒反应（Pictet-Spengler）。特别值得一提的是，Arnold 等通过定向进化方法将天然的单加氧酶 P450BM3 改造成为催化碳烯（carbene）和氮烯（nitroene）转移反应的全新人工酶 P411 [15]。

将氧原子选择性地引入未活化的碳—氢键是有机化学中的一项重大挑战[16]。除过去被广泛研究的细胞色素 P450 单加氧酶之外[17]，近年来对过氧合酶[18]、非 P450 单加氧酶[19] 和水合酶[20, 21] 的研究极大地扩展了用于碳氢键活化和羟化的生物催化剂范围。此外值得关注的是，*O*-甲基转移酶[22, 23] 及酮戊二酸依赖性加氧酶[24, 25] 的研究取得了重要进展，前者可用于天然产物的多样化衍生（包括烷基化和氟甲基化），后者可比较经济地用于氨基酸的羟化反应制备手性药物中间体。

含有手性中心的伯胺、仲胺及叔胺化合物是一类非常重要的生理活性分子，在医药、农药及精细化工行业具有广泛用途[11]，例如帕金森病药罗替戈汀（Rotigotine）、阿尔茨海默病药利斯的明（Rivastigmine）、戒烟剂尼古丁（nicotine）、2 型糖尿病药西格列汀（Sitagliptin）、甲状旁腺功能亢进抑制剂西那卡塞（Cinacalcet）、心房颤动抑制剂维那卡兰（Vernakalant）、除草剂异丙甲草胺（metolachlor）、抗抑郁药舍曲林（Sertraline）。催化碳氮成键的酶有转氨酶、胺氧化酶、羰基还原胺化酶、胺脱氢酶、亚胺还原酶、*N*-甲基氨基酸脱氢酶、吡咯啉-5-羧基还原酶等[26]。

三、主要问题与挑战、机遇

天然产物的生物合成普遍涉及碳—碳、碳—氧和碳—氮键的形成或转化，但是酶催化的关键科学问题——酶的结构与功能关系仍不清楚，导致酶的催化效率不高、底物谱有限，理性设计和分子改造十分困难。开源软件 AlphaFold2 对蛋白质结构预测功能的突破性进展，为数以亿计未知蛋白质结构的建模与计算提供了强有力的辅助工具，但仍没有解决酶的构效关系问题，因此无法从序列直接预测功能，也无法从底物结构和催化功能出发从头设计蛋白质的序列[27]，这些才是蛋白质科学或酶学研究的热点和终极问题，相信人工智能技术可以帮助人类去完成这一根本任务。但机器学习和人工智能计算的重要前提是，人类必须先累积大量规范、有效的实验大数据[28]。

四、未来发展目标

生物合成与生物转化的发展趋势：①碳源的扩展和高效利用，特别是 CH_4、CO/H_2、CO_2 等一碳资源；②可再生油脂与农作物秸秆等生物质资源利用；③大量废弃的石油基难降解高分子材料的生物降解、转化和再利用技术。这也是地球和人类生存与可持续发展的必由之路。要实现人类需要的非天然生物合成与生物转化，就需要解决人工酶的从头设计和合成生物学路径的创新设计与建构问题，这些都是典型的多学科交叉融合、数理化生协同创新的重大紧迫性科学任务，相信新一代的化学和生物科学家一定能够承担核心任务并作出巨大贡献。

第二节 设计人工光合细胞，实现高效光驱动二氧化碳还原

自工业革命以来，随着人口不断增加，大量的能源用于交通、工业、发电及供暖。化石燃料包括石油和天然气的大量消耗，使得化石能源紧俏，大气中二氧化碳浓度增加了30%以上。如果继续这样高速地消耗能源，目前的能量来源将无法支撑需求并会引起一系列的环境问题，产生一系列引起温室效应的温室气体，如二氧化碳、甲烷和一氧化二氮。在这些温室气体中，二氧化碳是人类活动产生最多的温室气体，主要来源于化石燃料的燃烧。因此迫切需要发展可再生的绿色能源，其中可持续的太阳能十分具有发展前景[29]，目前已经有一系列的技术（热转换和光伏设备）可以将太阳能转化为其他能源，尤其是电能。但是直接将太阳能应用在交通及其他方面仍然存在一些问题。例如太阳的能量密度低，其本身有节律，受日夜交替、季节变化及天气的影响[30]。因此，在化石燃料枯竭的未来，“液态阳光”可能是解决问题的关键[31]，而实现液态阳光的关键在于利用丰富的太阳能，将能源利用过程中产生的过量排放的氧化分子可持续循环地转化为稳定、可存储、高能量的化学物质。这些物质大部分都是还原性物质，可以和空气中的氧气反应燃烧或者氧化释放储存的能量，且方便运输[32-35]。氢气被认为是最理想清洁的能源，可以在合适的温度氧化生成水，不产生温室气体。但是氢气作为能源，在生产、储存和使用等技术上均存在问题，如由于氢气沸点很低（氢气必须作为压缩气体使用）这对油箱的填充和能量储存运输都是很大的问

题。除氢气外，更多考虑的是还原二氧化碳为一个碳的产物，如甲烷、甲酸、甲醇、一氧化碳等[36, 37]。目前所用的能源大部分来源于化石燃料的燃烧，在这个过程中会产生大量的二氧化碳，这些二氧化碳迫切需要被捕获和储存。因此，将二氧化碳作为太阳能燃料的来源的第一大优势就是可以减少二氧化碳的排放。另外，相对于氢气而言，来源于二氧化碳的燃料（如甲酸、甲醇）的物理状态更易于储存和加工处理[38, 39]。因此，探寻利用、降低二氧化碳的催化反应途径，不仅有利于改善环境质量，而且可以变废为宝地将污染物变为资源。

二氧化碳分子的基态是含有双键的线性非极性分子，碳氧键键长为 1.17Å。无论是生物还是化学过程，二氧化碳是大部分氧化过程的最终产物。因此，它在热力学和动力学上都十分稳定。还原二氧化碳的电位在 −0.24 V 和 −0.6 V 之间，但是最突出的问题是二氧化碳进行单电子还原的电位需要 −1.9 V。另外，由于线性二氧化碳和弯曲的二氧化碳阴离子自由基之间的结构不同，二氧化碳单电子还原需要很大的动力学过电位，需要吸收很高的能量，实现很大程度的能量重组才能使得碳氧键变长，氧碳氧键角减小。将二氧化碳转化成甲酸、一氧化碳等还原产物需要很高的输入能量。另外，其还原过程中涉及多种复杂中间体。

植物 / 蓝藻等的光合作用系统作为一种天然的解决方案，因其清洁、自组装、可持续和高效的光致电荷分离效率等优势而被广泛关注。天然光合系统基于一系列镶嵌在光合膜上的蛋白质复合物 [捕光复合物（light-harvesting complex，LHC）、光合系统Ⅰ（photosynthesis Ⅰ，PS Ⅰ）、光合系统Ⅱ（photosynthesis Ⅱ，PS Ⅱ）等] 组成的超分子体系实现光能化学能的转化，将二氧化碳和水合成生物可用的有机化合物。通过微流控技术将天然的菠菜类囊体与固定二氧化碳的酶在人工微小液滴中组装在一起，该体系也能够实现光驱动的二氧化碳固定过程并产生乙醇酸[40]。但是无论是天然系统还是模拟系统，催化体系都庞大复杂、难表达、难改造、难应用，天然光合系统固碳效率只有3%～4%。目前，如何利用和模拟光合作用的高光合效率来驱动具有挑战性的化学转化是目前的研究热点。然而，影响该领域发展的技术挑战及研究难点在于：①天然光合作用系统由复杂的膜蛋白亚基和多种辅酶组成，这给研究和实际应用带来了不便；②光合系统中产生的还原分子NAD(P)H① 由于还原力较低不能直接用于还原二氧化碳；③相比化学小分子催化剂，天然光合作用系统的二氧化碳还原效率相对低下。

为解决这些问题，王江云课题组多年来一直致力于应用合成生物学方法，开发基因编码的人工光合作用系统，使其兼具天然光系统和化学小分子催化剂的优势。这种人工设计的光合蛋白不仅为研究挑战性的化学转化提供了新思路，也为进化具有非天然光催化活性的人工生命体提供了研究基础（图6-2）。该研究组的前期研究发现，仅有约27 kD的荧光蛋白具有改造为类似天然光系统的光合蛋白的潜能。首先，研究发现荧光蛋白受光激发后，其发色团可以生成具有高还原活性的物种，这种中间体可以高效率地向位于蛋白质β折叠桶外的电子受体传递电子。其次，应用基因密码子扩展技术，可以特异性地插入非天然氨基酸取代原组成发色团的酪氨酸。这使得研究人员可以理性设计荧光蛋白的荧光发色团化学结构，优化其吸收光谱、激发态寿命、自由基还原电势等一系列光化学性质。

① 还原型烟酰胺腺嘌呤二核苷酸（reduced nicotinamide adenine dinucleotide，NADH）；还原型烟酰胺腺嘌呤二核苷酸磷酸（reduced nicotinamide adenine dinucleotide phosphate，NADPH）。

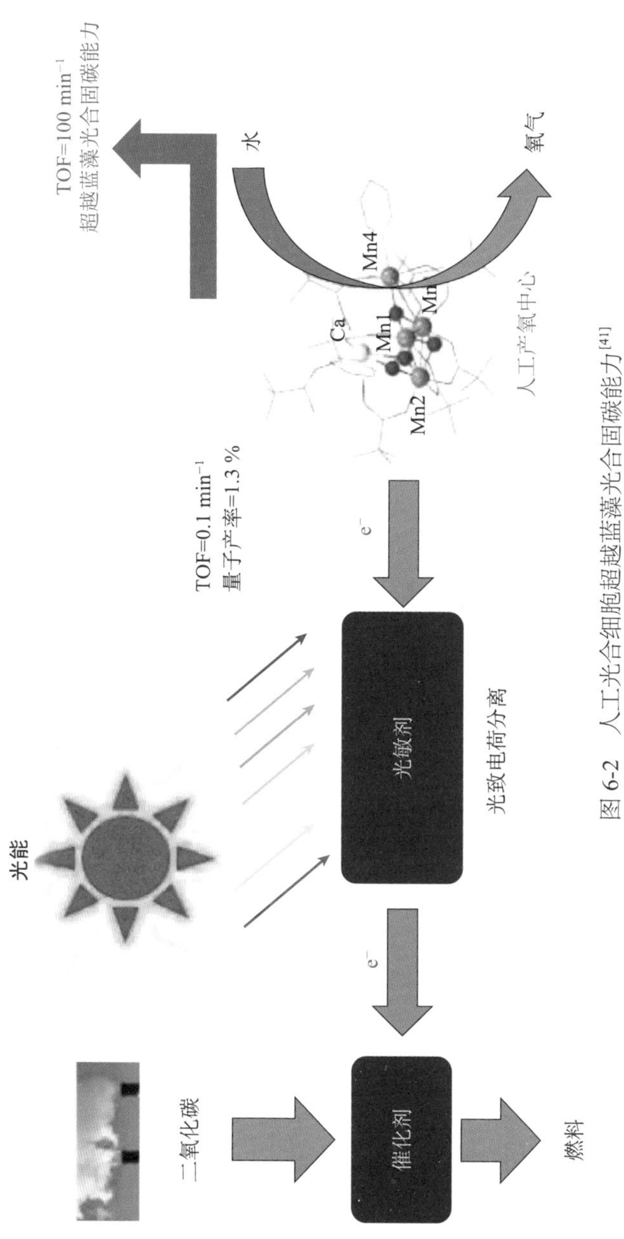

图 6-2 人工光合细胞超越蓝藻光合固碳能力[41]

设计基于荧光蛋白突变体的高效二氧化碳光还原蛋白质的核心问题在于如何延长其发色团受激发后所生成的还原性中间态的寿命，降低它的还原电势。研究团队选择了一种带有二苯甲酮取代基的酪氨酸类似物 [二芳基酮苯丙氨酸（Benzophenone Alanine，BpA）] 来改造发色团。二苯甲酮是一种有机光催化中常用的光敏剂。当它受到一定波长的光照射时，其激发态以近 100% 的效率系间穿越为寿命较长的三重态。这种三重态进而和牺牲还原剂反应生成高活性的自由基态，催化下游氧化还原反应。基于密码子扩展方法插入 BpA 改造荧光蛋白的发色团后，其新生成的光敏蛋白保留了这种特性。瞬态吸收光谱的研究表明[42]，受光激发后，BpA 组成的新发色团可以几乎全部转化为三重态；在有和生物相关牺牲还原剂的存在下，三重态中间体快速氧化牺牲还原剂从而生成自由基态。该自由基被蛋白质骨架保护，因此在没有氧气存在的条件下可以稳定存在 10 min 以上。晶体结构衍射显示，光敏蛋白处于自由基状态时其发色团呈现出更加扩展的共平面构象，这与紫外–可见吸收光谱检测得到的红移吸收结果一致。另一方面，合成的含有 BpA 发色团小分子的电化学分析表明[43]，所生成的自由基态具有接近 −1.5 V 的还原电势。这不仅满足了还原二氧化碳的需求，也低于已知的天然生物还原剂。进一步应用化学生物学方法，人们在光敏蛋白表面特定位点引入了一种小分子二氧化碳电化学还原催化剂三联吡啶镍配合物。这种杂合蛋白质具有在光照条件下还原二氧化碳生成一氧化碳的活性，光量子产率为 2.6%[44]，高于大部分已报道的二氧化碳光还原催化剂。这说明了基于蛋白质自组装特性所带来的电子传递优化和活性的提高。该光敏蛋白催化剂具有以下优势：①无重金属；②可以很容易地引入各种生物体；③通过合理的设计或定向进化，有显著的扩展能力。

王江云课题组进一步理性设计了基因编码的光驱动二氧化碳还原酶（mPCE）（图 6-3）[41-44]。这是首次报道人工设计的单酶实现光能吸收驱动二氧化碳还原为甲酸。mPCE 为可以在大肠杆菌中高产量过表达的可溶蛋白质，分子量约为 33 kD，含有自催化生成的高效吸光基团 BpA 的光吸收域和铁硫簇二氧化碳还原的催化结构域。光驱动生成的 BpA 自由基还原力达到 −1.4 V，超越天然生命体还原力极限。由于 mPCE 易表达、易改造、易应用，未来 2～3 年，可以通过理性设计优化光吸收域发色团的化学结构、吸收光谱、激发态寿命和自由基还原电势等一系列光物理化学性质。通过高效定向进化及理性设计，可以将 mPCE 酶催化二氧化碳还原 TOF 提高 1000 倍，量子产率提高 10 倍，超越植物及蓝藻光驱动二氧化碳还原的效率（图 6-2、图 6-3）。针对自然固碳生物能量利用效率低、固碳速率慢的核心瓶颈，我们将开发物理、化学、生物高效耦合人工仿生固碳系统（重点设计和改造由氢气驱动、电驱动动或光驱动的二氧化碳固定还原生物催化反应的关键酶），提升酶的稳定性、比活力。在此基础上，我们将大肠杆菌、乳酸菌和酵母等工程菌改造为光合菌，将其用于高价值化学品及食品的生产。

第三节　流动（流式）化学——连续流动合成与微化工技术

化学工业的绿色发展是联合国全球可持续发展的目标之一，其中绿色合成化学与技术已成为当代医药、能源、材料和精细化学品等行业的重大需求。绿色合成化学与技术的核心在于化学发现和技

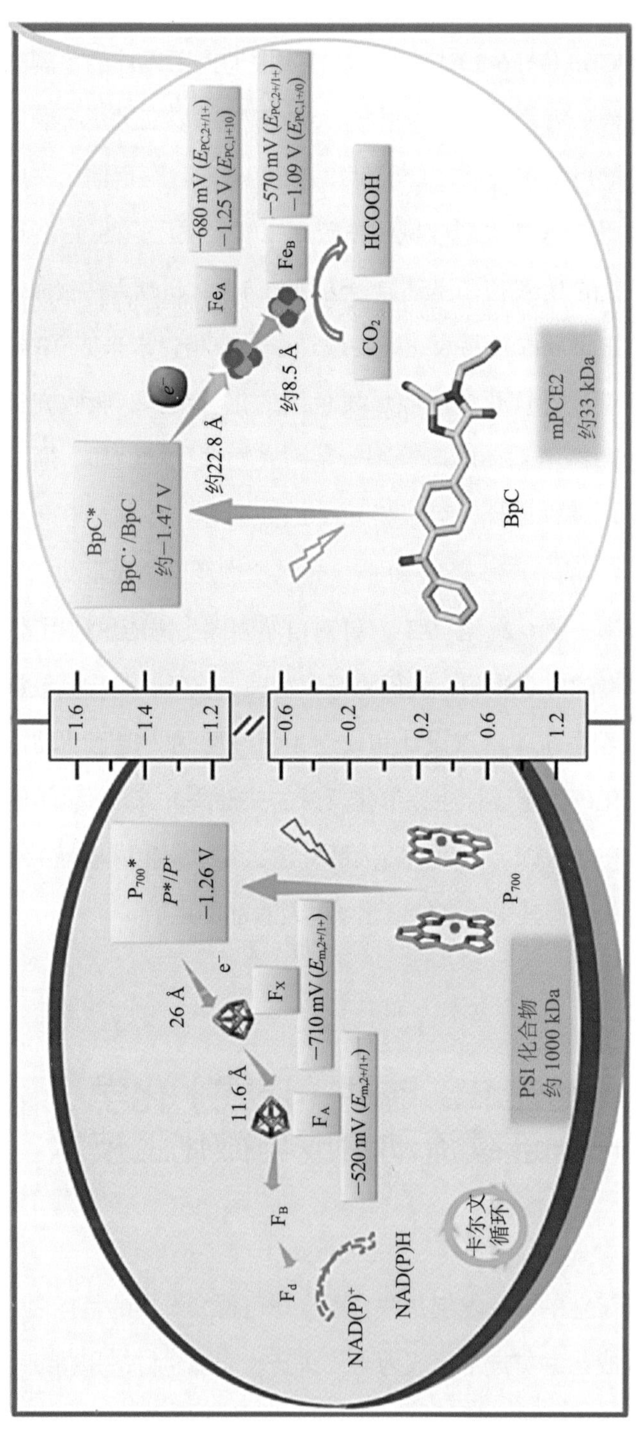

图 6-3 人工设计的单酶实现光能吸收到二氧化碳还原为甲酸

术创新，解决在常规间歇搅拌反应中普遍存在的效率低、选择性不高、原子经济性和本质安全水平亟待提高等重大难题。化学品的绿色合成既离不开化学也离不开化工，更需要当代合成方法和先进合成工具的紧密结合，推动化学和化工学科的协同发展。近年来，由于微反应器出现，“流动化学”作为化学合成的新方向正在蓬勃发展。早在2011年，流动化学合成就被选为十大绿色工程研究之首，2019年又被IUPAC评为化学领域改变世界的十大新兴技术之一，微反应器内的连续流动合成技术被认为是有机合成技术近200年来的一次重要进化。国内外众多知名高校和企业，如麻省理工学院、哈佛大学、剑桥大学、清华大学、巴斯夫（BASF）公司、拜耳（Bayer）集团、诺华（Novartis）公司、辉瑞（Pfizer）公司、康宁（Corning）公司、凯莱英医药集团、药明康德新药开发有限公司等，纷纷在流动化学领域投入大量的研发力量，一批研究成果被《化学与工程新闻》（*C&EN*）评为世界顶级科研成果。

流动化学概念的提出与微反应器技术的出现紧密相关。20世纪90年代，化工装备的微型化成为学术界和产业界关注的热点，微反应器技术因其高时空分辨、高选择性和高时空收率、过程本质安全等特点，为化工过程的安全高效和绿色发展提供了重要保障，成为化工学科的前沿方向之一，同时也为合成化学的变革带来新的机遇。2006年以后，《科学》、《自然》（*Nature*）和各大化学期刊大量报道了有关在流动条件下进行化学合成的研究进展，并逐渐形成了“流动化学”概念。在化学家和化学工程师的共同努力下，流动化学不断完善和丰富，挑战传统合成化学中的难题，在合成化学新原理、新知识和新技术领域取得突破性进展，如高活性中间体化学、外场与极端条件化学反应、本质安全的绿色合成工艺、多步连续合成和智慧化学等，架起了化学与化工进一步深度融合的桥梁。

微反应器内流动化学可以实现传统间歇化学难以做到的发现和创新。传统间歇烧瓶化学的操作时间一般在分钟级别，然而有很多化学反应在毫秒到秒即可完成，如卤锂交换和格氏反应。这种超快反应在常规上需要采用低温技术来降低反应速度，以匹配反应器所能实现的操作时间。这不仅浪费能源，也大大降低了时空收率和反应的选择性。微反应器内流动化学最突出的特性是反应器的高时空分辨，解决了可实现的操作时间与反应时间的匹配难题，能够准确获取反应动力学数据，发现在间歇反应过程中难以发现的高活性中间体和新反应过程，实现精确反应过程调控，并创新反应工艺。例如，在串联微反应系统内，丁基锂与2,2'-二溴联苯进行单卤锂交换后，在还未发生二卤锂交换之前，精准加入亲电试剂便可实现2,2'-二溴联苯高选择性单官能化反应[45]。基于这一原理，在卤锂交换反应中，可以不用保护硝基、羰基和氰基等在有机强碱中不耐受的官能团，实现无保护基合成[46]。

微反应器内流动化学可以安全地进行间歇合成中风险高的反应，主要表现为：①安全使用高活性、剧毒和强腐蚀物质，如氟气参与的氟化反应[47]；②有效控制易爆原料和易爆中间体参与的反应，如苯、氯苯和甲苯的硝化反应[48,49]，使用叠氮化钠进行叠氮化反应和有重氮盐中间体生成的反应；③采用原位生成技术，避免直接使用有毒和易爆原料，如原位生产氯气进行氯化反应[50]和原位生产重氮甲烷进行甲基化反应[51]；④在高温高压条件下仍具有良好的安全性，如能够安全地在200℃和50 bar以上进行克莱森重排[52]和科尔贝-施密特（Kolbe-Schmitt）反应[53]。

微反应器内流动化学可以高效精准地进行间歇一锅法难做好的多步合成。高选择性和高时空收率的多步连续流动化学（连续流一锅法）在复杂化学合成，特别是在制药领域获得广泛青睐。原料药合成是典型的多步合成过程，大量研究表明商业化原料药可以通过流动化学技术实现连续合成与分离，如布洛芬、伊马替尼、维达列汀等[54-56]。其中，最具代表的是2016年麻省理工学院詹森（Jensen）教授团队研发出的仅冰箱大小的流动化学系统，该系统可每天连续制备出百克级药物制剂，如抗组胺药盐酸苯海拉明、局部麻醉剂盐酸利多卡因、镇静剂地西泮和抗抑郁药盐酸氟西汀等口服和外用液体制剂[57]。除制药领域外，传统精细化工行业也迫切需要高收率和高选择性的连续合成技术，我国科学家开发的连续流动合成技术已经在间甲基苯甲醚、巯基苯并噻唑、溴化丁基橡胶、溴化聚苯乙烯等染料中间体、阻燃剂、橡胶及其助剂等行业获得工业应用[58-60]。

此外，微反应器内流动化学为化学和化工创新提供了新平台，为绿色合成化学和技术的发展提供了诸多可能。一方面，光、电、微波、超声等外场可以方便地与微反应器结合，为光化学、电化学、声化学及微波化学的发展提供新支撑。另一方面，高温、高压、超临界等极端反应条件在微反应器中易于实现，为极端条件下的化学转化研究提供基础。此外，大数据、机器学习和计算机辅助合成设计软件的快速发展为流动化学的发展带来了新的启示，有望使流动化学与智能制造有机结合，促进化学合成技术的进步。近年来，美国默克公司和辉瑞公司相继开发了基于流动化学技术的自动化高通量反应路径筛选平台[61,62]，这类平台将流动化学技术与在线色谱质谱联用技术相结合，分别针对布赫瓦尔德–哈特维希（Buchwald-Hartwig）和铃木–宫浦（Suzuki-Miyaura）偶联反应的不同底物和反应条件，每天可进行1500个以上纳摩尔量级的反应体系筛选。在自动化高通量化学反应筛选平台的基础上，结合AI技术，普林斯顿大学道伊尔（Doyle）教授与默克公司德雷尔（Dreher）博士等使用随机森林算法[63]，在接受数以千计的 Buchwald-Hartwig 偶联反应数据的训练后，可以准确预测其他具有多维变量的偶联反应收率。可见，智慧化学的发展有望彻底改变合成化学工艺优化方式和策略，也极有可能变革化学品生产和消费方式。

众所周知，我国化学工业仍然面临低水平重复、产能过剩、能耗高、效率低、安全隐患大、高端产品不足等困境。微反应器内连续流动化学的发展为我国化学工业的技术升级和高质量发展带来了重大机遇。国内微反应器技术方面的研究启动较早，基本与国际发展同步，清华大学、中国科学院大连化学物理研究所、四川大学、华东理工大学、天津大学等高校和科研院所近 20 年来开展了大量流动条件下的混合、传质、传热和催化性能研究，但遗憾是，化学领域开展流动化学的研究起步相对较晚，与国外研究团队相比，化学和化工的科研合作明显不足，难以将化学家发现的新合成方法通过自主化的流动反应器实施，并开展工业转化。以康宁公司、德国埃菲尔德微反应技术公司（原拜耳公司流动化学部门）等为代表的跨国公司近年来在中国不断推广和销售流动化学相关设备，试图通过商业设备推广向化学家提供流动化学合成的平台技术，但是离开了化学工程领域对微尺度流动过程的深刻认识，缺少个性化设计的流动化学装置事实上难以发挥其应有的作用。虽然国内也涌现出大量流动化学技术相关的公司和团队，推动了产业界对该技术的认识和理解，但是由于不具有相关专利技术和基础研发能力，复制和仿制国外装备技术比较普遍，自主核心技术的积累仍然任重而道远。针对目前国内的实际情况，政府应该加大基础研究投入，组织多学科交叉研究团队，培养流动化学技术人才，促进产学研合作，切实解决精细和医药化学品领域产业发展不可持续的问题。

综上所述，微反应器内流动化学与技术作为化学与化工交叉的新方向，取得了国际学术界和产业界的广泛关注，其在高活性中间态物质发现、反应机理和反应历程揭示、化学转化动力学数据获取、精确可控合成工艺和技术创新、高端聚合物和医药产品多步合成等方面发挥了重要作用。虽然我国在这一新兴方向的普及率和重视程度不及欧美等地的发达国家，但在流动化学的基础装备上形成了一批具有自主知识产权的微反应器技术，同时化学、化工、材料、生物、医药等学术界和产业界专家已充分认识到该方向对于化学合成可持续发展的重要性，正在不断加大投入开展相关研究和创新，相信未来基于化学和化工相融合发展新型流动化学和合成新技术定会取得重大突破。

随着科技不断进步，化学化工及多学科交叉为可持续绿色合成提供新的发展机遇，主要涉及流动化学、微化工技术、智能化工和智慧化学等，如图 6-4 所示。结合国际流动化学和绿色合成技术发展趋势与我国化学工业发展所需要突破的产业难题，微反应器内流动化学与合成技术基础研究可进一步聚焦“微纳时空尺度下化学转化规律”和“流动化学单元模块原理和多步连续流合成系统构建策略”两大关键科学问题，建议围绕如下几个方面开展工作。①高活性中间体化学与复杂反应网络及其历程研究：针对典型快速有机合成，探索高活性中间体动态特性及其化学转化规律，针对典型复杂反应，揭示反应转化率和选择性调控机制，以发展新合成化学和合成工艺。②微反应器内电化学、光化学、微波化学、声化学等外场作用下流动合成化学：近年来，科学家普遍发现，在微反应器的工作尺度下，电子传递、光子吸收能够得到强化，微波、超声等外场的作用也更为均匀可控，因此将电

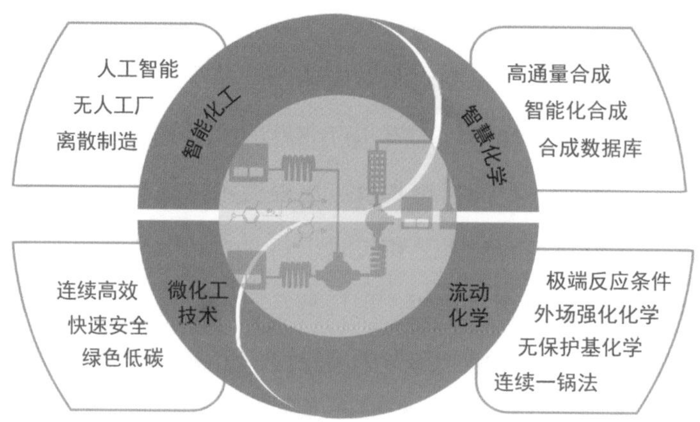

图 6-4　可持续绿色合成发展趋势

化学、光化学、外场强化化学等新合成手段与流动合成方法相结合有助于新的化学发现，并有望进一步扩展流动化学技术的应用，发展出更为绿色高效的合成技术。③微反应器内高温高压等极端条件的合成化学与技术：合成装备的微型化和连续流动为化学研究和化学产品合成技术的发展提供了新的平台，可以方便地实现极端条件下的化学转化，如分子筛的快速合成，这也将大大提高化学转化速率，并为高效合成技术的方向提供新的化学基础。④基于流动化学的自动化和智能化合成技术：针对医药中间体、染料等复杂化学品的合成，流动化学技术是优秀的合成路线筛选平台，将自动控制和 AI 方法与流动化学合成相结合是降低合成过程劳动消耗、提升合成路径筛选效率的重要方法。⑤流动化学研究装备和技术平台创制：一方面，要在微化工技术研究的基础上，面向合成化学，开展流动化学单元设备模块化和标准化研究，探索流动合成微系统构建策略；另一方面，加强快速在线检测仪器和分析技术的开发，实现高时空分辨反应装备和高精度的检测手段配合，因此针对流动化学的超快光谱、在线核磁、在线质谱检测技术也是本领域需要优先发展的方向。

本章参考文献

[1] Huang Z Y, Ye R Y, Yu H L, et al. Mining methods and typical structural mechanisms of terpene cyclases. Bioresources and Bioprocessing, 2021, 8: 66.

[2] Nicolaou K C, Yang Z, Liu J J, et al. Total synthesis of taxol. Nature, 1994, 367: 630-634.

[3] Hu Y J, Gu C C, Wang X F, et al. Asymmetric total synthesis of taxol. Journal of the American Chemical Society, 2021, 143: 17862-17870.

[4] Ajikumar P K, Xiao W H,Tyo K E J, et al. Isoprenoid pathway optimization for taxol precursor overproduction in *Escherichia coli*. Science, 2010, 330: 70-74.

[5] Mutanda I, Li J H, Xu F L, et al. Recent advances in metabolic engineering, protein engineering, and transcriptome-guided insights toward synthetic production of taxol. Frontiers in Bioengineering and Biotechnology, 2021, 9: 632269.

[6] Schmidt N G, Eger E, Kroutil W. Building bridges: biocatalytic C—C bond formation toward multifunctional products. ACS Catalysis, 2016, 6: 4286-4311.

[7] Zheng Y C, Li F L, Lin Z M, et al. Structure-guided tuning of a hydroxynitrile lyase to accept rigid pharmaco aldehydes. ACS Catalysis, 2020, 10: 5757-5763.

[8] Liu M, Wei D, Wen Z X, et al. Progress in stereoselective construction of C—C bonds enabled by aldolases and hydroxynitrile lyases. Frontiers in Bioengineering and Biotechnology, 2021, 9: 653682.

[9] Resch V, Schrittwieser J H, Siirola E, et al. Novel carbon-carbon bond formations for biocatalysis. Current Opinion in Biotechnology, 2011, 22: 793-799.

[10] Fesko K, Gruber-Khadjawi M. Biocatalytic methods for C—C bond formation. ChemCatChem, 2013, 5: 1248-1272.

[11] Sangster J J, Marshall J R, Turner N J, et al. New trends and future opportunities in the enzymatic formation of C—C, C—N, and C—O bonds.

ChemBioChem, 2022, 23: e202100464.

[12] Zetzsche L E, Narayan A R H. Broadening the scope of biocatalytic C—C bond formation. Nature Reviews Chemistry, 2020, 4: 334-346.

[13] Marshall J R, Mangas-Sanchez J, Turner N J. Expanding the synthetic scope of biocatalysis by enzyme discovery and protein engineering. Tetrahedron, 2021, 82: 131926.

[14] Gao L, Su C, Du X X, et al. FAD-dependent enzyme-catalysed intermolecular [4+2]cycloaddition in natural product biosynthesis. Nature Chemistry, 2020, 12: 620-628.

[15] Yang Y, Arnold F H. Navigating the unnatural reaction space: directed evolution of heme proteins for selective carbene and nitrene transfer. Accounts of Chemical Research, 2021, 54: 1209-1225.

[16] White M C. Adding aliphatic C—H bond oxidations to synthesis. Science, 2012, 335: 807-809.

[17] Chakrabarty S, Wang Y, Perkins J C, et al. Scalable biocatalytic C—H oxyfunctionalization reactions. Chemical Society Reviews, 2020, 49: 8137-8155.

[18] Sigmund M C, Poelarends G J. Current state and future perspectives of engineered and artificial peroxygenases for the oxyfunctionalization of organic molecules. Nature Catalysis, 2020, 3: 690-702.

[19] Paul C E, Eggerichs D, Westphal A H, et al. Flavoprotein monooxygenases: versatile biocatalysts. Biotechnology Advances, 2021, 51: 107712.

[20] Demming R M, Fischer M P, Schmid J, et al. (De)hydratases - recent developments and future perspectives. Current Opinion in Chemical Biology, 2018, 43: 43-50.

[21] Sun Q F, Zheng Y C, Chen Q, et al. Engineering of an oleate hydratase for efficient C10-functionalization of oleic acid. Biochemical and Biophysical Research Communications, 2021, 537: 64-70.

[22] Tang Q Y, Grathwol C W, Aslan-Üzel A S, et al. Directed evolution of a halide methyltransferase enables biocatalytic synthesis of diverse SAM analogs. Angewandte Chemie International Edition, 2021, 60: 1524-1527.

[23] Peng J M, Liao C S, Bauer C, et al. Fluorinated *S*-adenosylmethionine as a reagent for enzyme-catalyzed fluoromethylation. Angewandte Chemie International Edition, 2021, 60: 27178-27183.

[24] Stout C N, Renata H. Reinvigorating the chiral pool: chemoenzymatic approaches to complex peptides and terpenoids. Accounts of Chemical Research, 2021, 54: 1143-1156.

[25] Du P, Yan S, Qian X L, et al. Engineering *Bacillus subtilis* isoleucine dioxygenase for efficient synthesis of (2*S*,3*R*,4*S*)-4-hydroxyisoleucine. Journal of Agricultural and Food Chemistry, 2020, 68: 14555-14563.

[26] Grogan G, Turner N J. InspIRED by nature: NADPH-dependent imine reductases (IREDs) as catalysts for the preparation of chiral amines. Chemistry, A European Journal, 2016, 22, 1900-1907.

[27] Huang P S, Boyken S E, Baker D. The coming of age of *de novo* protein design. Nature, 2016, 537: 320-327.

[28] Yang K K, Wu Z, Arnold F H. Machine-learning-guided directed evolution for protein engineering. Nature Methods, 2019, 16: 687-694.

[29] Gust D, Moore T A, Moore A L. Mimicking photosynthetic solar energy transduction. Accounts of Chemical Research, 2001, 34: 40-48.

[30] Heller A. Conversion of sunlight into electrical power and photoassisted electrolysis of water in photoelectrochemical cells. Accounts of Chemical Research, 1981, 14: 154-162.

[31] Shih C F, Zhang T, Li J H, et al. Powering the future with liquid sunshine. Joule, 2018, 2(10): 1925-1949.

[32] Alstrum-Acevedo J H, Brennaman M K, Meyer T J. Chemical approaches to artificial photosynthesis. 2. Inorganic Chemistry, 2005, 44: 6802-6827.

[33] Blank M A, Lee C C, Hu Y L, et al. Structural models of the [Fe_4S_4] clusters of homologous nitrogenase Fe proteins. Inorganic Chemistry, 2011, 50: 7123-7128.

[34] Corma A, De La Torre O, Renz M, et al. Production of high-quality diesel from biomass waste products. Angewandte Chemie International Edition, 2011, 50: 2375-2378.

[35] Lewis N S, Nocera D G. Powering the planet: chemical challenges in solar energy utilization. Proceedings of the National Academy of Sciences of the United States of America, 2006, 103: 15729-15735.

[36] Balzani V, Credi A, Venturi M. Photochemical conversion of solar energy. ChemSusChem, 2008, 1: 26-58.

[37] Gust D, Moore T A, Moore A L. Solar fuels via artificial photosynthesis. Accounts of Chemical Research, 2009, 42: 1890-1898.

[38] Huber G W, Corma A. Synergies between bio- and oil refineries for the production of fuels from biomass. Angewandte Chemie International Edition, 2007, 46: 7184-7201.

[39] Huber G W, Iborra S, Corma A. Synthesis of transportation fuels from biomass: chemistry, catalysts, and engineering. Chemical Reviews, 2006, 106: 4044-4098.

[40] Miller T E, Beneyton T, Schwander T, et al. Light-powered CO_2 fixation in a chloroplast mimic with natural and synthetic parts. Science, 2020, 368(6491): 649-654.

[41] Zheng D D, Tao M, Yu L J, et al. Ultrafast photoinduced electron transfer in a photosensitizer protein. CCS Chemistry, 2022, 4(4): 1217-1223.

[42] Kang F Y, Yu L, Xia Y, et al. Rational design of a miniature photocatalytic CO_2-reducing enzyme. ACS Catalysis, 2021, 11(9): 5628-5635.

[43] Fu Y, Huang J, Wu Y Z, et al. Biocatalytic cross-coupling of aryl halides with a genetically engineered photosensitizer artificial dehalogenase. Journal of the American Chemical Society, 2021, 143: 617-622.

[44] Liu X H, Kang F Y, Hu C, et al. A genetically encoded photosensitizer protein facilitates the rational design of a miniature photocatalytic CO_2-reducing enzyme. Nature Chemistry, 2018, 10 (12):1201-1206.

[45] Nagaki A, Takabayashi N, Tomida Y, et al. Selective monolithiation of dibromobiaryls using microflow systems. Organic Letters, 2008, 10: 3937-3940.

[46] Kim H, Nagaki A, Yoshida J I. A flow-microreactor approach to protecting-group-free synthesis using organolithium compounds. Nature Communications,

2011, 2: 264-268.

[47] Baumann M, Baxendale I R, Martin L J, et al. Development of fluorination methods using continuous-flow microreactors. Tetrahedron, 2009, 65(33): 6611-6625.

[48] Song J, Cui Y J, Sheng L, et al. Determination of nitration kinetics of *p*-nitrotoluene with a homogeneously continuous microflow. Chemical Engineering Science, 2022, 247: 117041.

[49] Zhang C Y, Zhang J S, Luo G S. Kinetics determination of fast exothermic reactions with infrared thermography in a microreactor. Journal of Flow Chemistry, 2020, 10: 219-226.

[50] Fukuyama T, Tokizane M, Matsui A, et al. A greener process for flow C—H chlorination of cyclic alkanes using *in situ* generation and on-site consumption of chlorine gas. Reaction Chemistry & Engineering, 2016, 1: 613-615.

[51] Maurya R A, Park C P, Lee J H, et al. Continuous *in situ* generation, separation, and reaction of diazomethane in a dual-channel microreactor. Angewandte Chemie International Edition, 2011, (26): 5952-5955.

[52] Kong L J, Lin Q, Lv X M, et al. Efficient Claisen rearrangement of allyl para-substituted phenyl ethers using microreactors. Green Chemistry, 2009, 11: 1108-1111.

[53] Hessel V, Hofmann C, Löb P, et al. Aqueous Kolbe-Schmitt synthesis using resorcinol in a microreactor laboratory rig under high-*p, T* conditions. Organic Process Research & Development, 2005, 9(4): 479-489.

[54] Baumann M, Baxendale I R. The synthesis of active pharmaceutical ingredients (APIs) using continuous flow chemistry. Beilstein Journal Of Organic Chemistry, 2015, 11: 1194-1219.

[55] Scott A M. Flow Chemistry, Continuous processing, and continuous manufacturing: a pharmaceutical perspective. Journal of Flow Chemistry, 2017, 7(3-4): 137-145.

[56] Porta R, Benaglia M, Puglisi M. Flow chemistry: recent developments in the synthesis of pharmaceutical products. Organic Process Research & Development, 2016, 20: 2-25.

[57] Adamo A, Beingessner R L, Behnam M, et al. On-demand continuous-flow production of pharmaceuticals in a compact, reconfigurable system. Science, 2016, 352(6281): 61-67.

[58] Xie P, Wang K, Luo G S. Calcium stearate as an acid scavenger for synthesizing high concentrations of bromobutyl rubber in a microreactor system. Industrial & Engineering Chemistry Research, 2018, 57: 3898-3907.

[59] Tian J X, Hu J Y, Wang K, et al. A chemical looping technology for the synthesis of 2, 2′-dibenzothiazole disulfide. Green Chemistry, 2020, 22: 2778-2785.

[60] Lin X Y, Wang K, Zhou B Y, et al. A microreactor-based research for the kinetics of polyvinyl butyral (PVB) synthesis reaction. Chemical Engineering Journal, 2020, 383: 123181-123188.

[61] Szymkuć S, Gajewska E P, Klucznik T, et al. Computer-assisted synthetic planning: the end of the beginning. Angewandte Chemie International Edition, 2016, 55(20): 5904-5937.

[62] Santanilla A B, Regalado E L, Pereira T, et al. Nanomole-scale high-throughput chemistry for the synthesis of complex molecules. Science, 2014, 347(6217): 49-53.

[63] Ahneman D T, Estrada J G, Lin S S, et al. Predicting reaction performance in C—N cross-coupling using machine learning. Science, 2018, 360(6385): 186-190.

第七章

化学研究新范式

化学是一门研究物质的组成、结构、性质与功能及其演化的基础学科，在支撑环境、能源、材料、生命科学等诸多领域发展中起到举足轻重的作用。当前化学学科的主流研究范式（实验、理论和模拟），均采用变量分离和降维简化真实体系复杂度的手段，以“试错”的方式寻找答案。这些研究范式在处理化学研究（如天然产物合成、仿生催化剂设计、新材料分子结构设计）体系时，其局限性和低效性日趋明显。以具备抗癌功效的天然产物紫杉醇为例，经过化学家几十年的努力探索，其人工全合成步骤依然十分烦琐，产率极低[1-3]。催化剂的设计亦存在“盲人摸象”的问题。一个世纪前，哈伯-博施法的问世解决了工业合成氨问题，之后人类致力于发展在能耗上优于哈伯-博施法的合成氨催化剂，至今未有可规模化的应用方案。在针对特定性能的新材料分子设计中，该领域更是依赖于大量实验试错及科研人员的个人经验。在理论研究方面，量子化学计算为化学的定量化和可预测性提供了可靠的工具，然而在处理复杂化学体系的电子结构时经常受到计算资源的局限。正如狄拉克指出的："对物理化学问题作数学求解的基本规则已完全清楚，困难在于应用基本规则的过程过于复杂而无法实现求解。"[4]

随着大数据和AI技术的快速发展，数据驱动的研究范式为解决这些化学难题带来了曙光。2016年，美国哈弗福德学院亚历山大·J. 诺奎斯特（Alexander J. Norquist）教授等利用机器学习技术训练失败的实验数据，建立了准确率很高的金属有机骨架材料合成的预测模型[5]。2018年，上海大学马克·P. 沃勒（Mark P. Waller）团队提出了基于深度神经网络和符号AI规划化学合成的模型，该模型规划的化学合成路线准确率可媲美合成化学专家，且效率更高[6]。同年，普林斯顿大学Doyle教授等证明了机器学习可以用来预测多维化学空间中合成反应的可能性[7,8]。2019年，犹他大学马修·S. 西格曼（Matthew S. Sigman）教授等发展了基于机器学习技术和化学反应数据库的新反应预测模型，大幅度缩小了开发新反应的搜索空间[9]。2020年，韩国蔚山国立科学技术研究所的巴托什·A. 格日比沃斯基（Bartosz A. Grzybowski）教授等发布了逆合成路线设计程序Chematica，借助机器学习和大数据技术实现了媲美合成化学专家水平的天然产物逆合成路线预测[10]。在催化剂理性设计方面，2019年伊利诺伊大学厄巴纳-香槟分校斯科特·E. 丹马克（Scott E. Denmark）教授等发布了一套基于分子描述符和实验数据驱动的高选择性手性催化剂预测工作流程，指导合成了高选择性的手性催化剂[11]。AI技术也推动着计算模拟方法发生变革，2021年深度思考（Deepmind）公司的詹姆斯·柯克帕特里克（James Kirkpatrick）和马普固体物理与材料研究所的阿伦·J. 科恩（Aron J. Cohen）博士等基于深度学习，提出了Deepmind21（DM21）模型，该模型描述了电子密度和基态能量之间的关系，并且可以通过提高数据数量和质量来提升预测性能，这为化学计算与模拟提供了全新的手段[12]。我国学者也敏锐地抓住了 AI 驱动化学发展的机遇，如清华大学与南开大学联合建立了国际上首个涵盖全面、数据权威的网络版键能数据库（Internet Bond-energy Databank，iBonD）[13]，可为 AI 驱动的有机合成设计提供坚实的数据支撑。中国科学技术大学发展的蛋白质红外光谱机器学习方法为快速识别和预测蛋白质结构提供了新途径[14]。北京深势科技公司开发的 DeePMD-kit 为高精度定制计算模拟中的相互作用势函数提供了强大工具[15]。近年来，我国学者在材料基因组计划中也取得了系列丰硕成果。

数据驱动的研究范式能在化学领域的研究中取得上述惊人进展，得益于以下因素：①化学研究产生了大量历史数据可供机器学习挖掘；②机器学习擅长高效地分析高维度、高复杂度的结构化数据，可以从数据中挖掘出变量之间的潜在关联，发现“隐匿”的科学规律。借助于机器学习，科学家可以突破思维局限，建立更有效的规律模型，进而更好地指导实践。数据驱动的研究范式具有突出的交叉前沿特质，需要多学科、多领域科研人员深度合作协同攻关。

AI 驱动化学发现的基础是质量可靠的数据。然而，数据来源难以统一、数据收集往往耗费大量人力、数据质量良莠不齐、格式混杂和碎片化的问题严重，给数据的可靠性和可用性带来了挑战。针对数据收集，需要进一步开发自然语言处理工具，以取代高昂的人力和时间代价；将这些原始数据（包括“成功的”和“失败的”数据）经过清洗、贴标签、转换、注释、和提取等结构化和标准化处理后，构造可用的数据资源。因此，对多学科多领域的数据进行汇总，构建数据之间的关联，建立扩展性好、质量高的数据库，将为构建适用于化学学科的机器学习模型奠定基础。

发展数据鉴别模型，是数据清洗的前提条件。光谱是微观物质响应性质的反映。光谱数据可关联各种物性数据（化学特性、物理特性、几何结构、电子结构等），因而可用来提升数据模型的维度、精度和数据关联性。以光谱数据为核心，实现数据高效清洗，获得高质量化学数据，便可构造化学知识图谱。

描述符蕴涵物理规则，是构建定量构效关系的基础。基于知识图谱融合变量，发展自动提取描述符的算法，进而对描述符做解耦合，获得变量之间的数学关系式，就可以建立面向复杂化学对象的大数据预测模型，推动材料理性设计、全自动合成逆向预测等颠覆性技术的发展。

化学机器人的出现，标志着化学合成步入自动化、集成化时代。目前虽有其成功应用的例子[16]，但化学机器人尚未具备智慧的“大脑”。因此，在 AI 驱动的化学发现中，科研人员根据自身化学知识合理地收集数据及建立模型是最为关键的步骤，利用化学机器人对模型的实验进行验证可以加深科研人员对关键科学问题的认识，从而进一步优化模型，形成“模型向人学习、人向模型学习”的闭环，培养化学机器人并使其最终成为有“科研智慧”的机器化学家，协助科研人员进行创造性思考，指导能源、材料和生命科学等交叉领域的应用实践（图 7-1）。

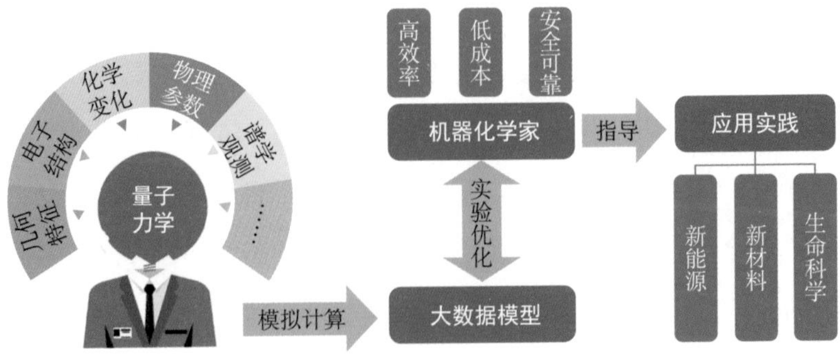

图 7-1　AI 驱动的化学研究新范式

本章参考文献

[1] Holton R A, Somoza C, Kim H B, et al. First total synthesis of taxol. 1. Functionalization of the B ring. Journal of the American Chemical Society, 1994, 116: 1597-1598.

[2] Holton R A, Kim H B, Somoza C, et al. First total synthesis of taxol. 2. Completion of the C and D rings. Journal of the American Chemical Society, 1994, 116: 1599-1600.

[3] Kanda Y, Nakamura H, Umemiya S, et al. Two-phase synthesis of taxol. Journal of the American Chemical Society, 2020, 142: 10526-10533.

[4] Dirac P A M. Quantum mechanics of many-electron systems. Proceedings of the Royal Society A, 1929, 123: 714-733.

[5] Raccuglia P, Elbert K C, Adler P D F, et al. Machine-learning-assisted materials discovery using failed experiments. Nature, 2016, 533: 73-76.

[6] Segler M H S, Preuss M, Waller M P. Planning chemical syntheses with deep neural networks and symbolic AI. Nature, 2018, 555: 604-610.

[7] Ahneman D T, Estrada J G, Lin S S, et al. Predicting reaction performance in C—N cross-coupling using machine learning. Science, 2018, 360: 186-190.

[8] Shields B J, Stevens J, Li J, et al. Bayesian reaction optimization as a tool for chemical synthesis. Nature, 2021, 590: 89-96.

[9] Reid J P, Sigman M S. Holistic prediction of enantioselectivity in asymmetric catalysis. Nature, 2019, 571: 343-348.

[10] Mikulak-Klucznik B, Gołębiowska P, Bayly A A, et al. Computational planning of the synthesis of complex natural products. Nature, 2020, 588: 83-88.

[11] Zahrt A F, Henle J J, Rose B T, et al. Prediction of higher-selectivity catalysts by computer-driven workflow and machine learning. Science, 2019, 363: eaau5631.

[12] Kirkpatrick J, McMorrow B, Turban D H P, et al. Pushing the frontiers of density functionals by solving the fractional electron problem. Science, 2021,

374: 1385-1389.

[13] 清华大学，南开大学 . iBonD 2.0 Version was Enriched! http://ibond.nankai.edu.cn/[2024-04-22].

[14] Ye S, Zhong K, Zhang J X, et al. A machine learning protocol for predicting protein infrared spectra. Journal of the American Chemical Society, 2020, 142: 19071-19077.

[15] DeePMD-kit. DeePMD-kit's Documentation. https://docs.deepmodeling.com/projects/deepmd/en/v2.0.0/[2024-04-22].

[16] Burger B, Maffettone P M, Gusev V V, et al. A mobile robotic chemist. Nature, 2020, 583: 237-241.

第八章

关于发展战略和政策措施的建议

（1）充分发挥政府相关的科技与教育主管部门、大学与科研机构及各类智库作用，不断深入开展经济社会可持续发展面临的新挑战和新问题的调研，凝练可持续发展中的关键核心科学问题，提升科研人员、研究机构、学术界乃至全社会对人类经济社会发展可持续性的重要认识，强化科学和技术的不断创新和进步才是真正解决可持续发展所面临的问题与挑战的关键和重要依赖途径，形成崇尚科学、坚持创新的良好社会氛围。

（2）政府主导的科研财政投入要倾斜支持事关经济社会可持续发展的关键领域的基础研究，针对化学化工、材料、能源、环境与人类健康等方面要做持续性的前瞻布局和资金的优先投入。尤其要重点关注与支持基于生物基和非化石原料的绿色化学催化合成方法，低碳、节能和环境友好的化学化工制造及生物制造，未来洁净能源与高效能量转换化学，重大疾病和公共传染性疾病的快速诊断和新医药，可循环再生材料，大数据驱动的智能化学等，为孕育可持续发展的下一代高新技术产业和经济新业态提供科学源头供给和强大的技术支撑。

（3）设立可持续发展中的化学化工科学研究网络，搭建科学研究合作和科研数据共享平台、大型仪器设备共享共用平台、科研成果交流和开源共享平台。打破学科壁垒和人为边界，鼓励多学科交叉与融合，支持化学化工之间、化学化工与数理、化学化工与数据及信息科学、化学化工同生命与医学及生态环境领域的合作项目，催生可持续社会发展中的新的科研范式和新兴交叉学科。优化和改善科研评价方法，真正打破科学研究中“唯论文”的单一评价考核体系，鼓励原始创新，反对“跟风式”研究，鼓励长期钻研与攻克科学难题，反对浮躁与浮夸，同时要容忍科研中的失败，营造正确与良好的学风，为创新科学研究和变革性技术的涌出注入活力。

（4）出台财政税收优惠政策，鼓励各类企业和社会资源投入，资助涉及可持续发展社会的基础科学研究。设立联合基金，积极鼓励和大力支持企业与大学及科研机构开展紧密的和深度的合作研究。在企业设立与大学和科研机构合作的联合实验室，开展应用基础及应用性的研究，实施联合攻关，促进科研成果向实际应用转化。

（5）加快科研队伍建设，培育一大批有能力、有志向、有作为的从事面向可持续社会发展中化学化工问题的交叉研究的专家学者。切实为青年人才提供经费和科研条件，针对国家自然科学基金委员会的青年基金，要提高其资助强度；针对优秀青年基金和杰出青年基金，要适当向从事涉及可持续发展社会关键问题的化学化工学者倾斜。如此，为青年人才搭建长期钻研、攻坚克难的科研平台，使青年学者能心无旁骛地从事科学研究，孕育有变革性意义的重大科研成果。

（6）建议教育主管部门要在中小学教材中适当增加人类和经济社会发展的可持续性教育的内容，鼓励有条件的大学为本科生开设“可持续发展社会中的化学”选修课程，并积极开展社会实践，使青年学生能树立正确的人类和经济社会的发展观和科学研究思路，为承担创新研究和技术发明奠定坚实基础。

（7）积极开拓国际合作渠道，构建可持续发展社会中的化学化工科学技术研究国际合作网络。政府相关主管部门、国家自然科学基金委员会、大学与科研机构管理人员需要解放思想，立足我国实际，面向西方发达国家和“一带一路”国家，大力支持与资助不同规模、不同形式和不同国家与地区的学术会议，积极鼓励我国学者参与国际合作研究项目和出席国际学术交流会议。同时采用不同的形式邀请国外同行学者来华进行合作研究和学术访问，为国际合作与学术互访提供便利。统筹考虑和灵活安排好外籍学者来华长期工作，设立奖励机制，使国外优秀的知名学者能积极和深入地参与乃至领导我国的重要科研大项目或大计划，形成国际合作的大团队，为我国经济社会的可持续发展做出贡献。

关键词索引

H

J

K

L

M

N

Q

R

S

T

W

X

Y

Z

其　他